BIBLIOTHÈQUE DU CU...

PUBLIÉE AVEC LE CONCOU...

DU MINISTRE DE L'AGRIC...

HOUBLON

DESCRIPTION. — CLIMAT.
CULTURE. — RÉCOLTE. — CONSERVATION. — FRAIS. — PRODUITS.
MODÈLE DE SÉCHOIR

Traduit de l'allemand de ERATH

Par Napoléon NICKLES

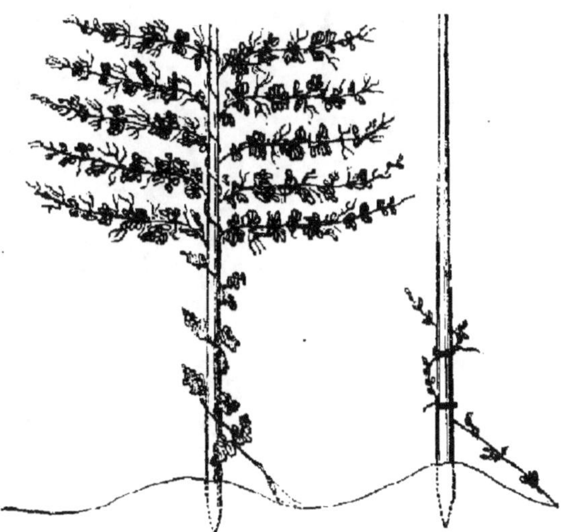

PARIS

DUSACQ, LIBRAIRIE AGRICOLE DE LA MAISON RUSTIQUE

RUE JACOB, N° 26

Et chez tous les libraires de la France et de l'Étranger.

BIBLIOTHÈQUE DU CULTIVATEUR

PUBLIÉE AVEC LE CONCOURS

DU MINISTRE DE L'AGRICULTURE

HOUBLON

PARIS. — IMPRIMERIE D'E. DUVERGER,
RUE DE VERNEUIL, N° 6.

BIBLIOTHÈQUE DU CULTIVATEUR

PUBLIÉE AVEC LE CONCOURS

DU MINISTRE DE L'AGRICULTURE

HOUBLON

DESCRIPTION — CLIMAT

CULTURE — RÉCOLTE — CONSERVATION — FRAIS — PRODUIT

MODÈLE DE SÉCHOIR

Traduit de l'allemand de ERATH

PAR

NAPOLÉON NICKLÈS

PARIS

DUSACQ, LIBRAIRIE AGRICOLE DE LA MAISON RUSTIQUE

RUE JACOB, 26

Et chez tous les libraires de la France et de l'étranger.

PRÉFACE DE L'AUTEUR

Il existe sur la culture du Houblon beaucoup d'écrits anciens et modernes ; mais les uns ne répondent plus à l'état actuel des connaissances, et les autres sont trop brefs ou trop scientifiques pour pouvoir servir de guides aux praticiens ; d'autres encore ne renferment que des vues, et point de faits.

Il y avait donc là une lacune importante à remplir ; il manquait un manuel pratique avec lequel chacun pût être mis à même d'établir une houblonnière de la manière la plus convenable et la plus économique, sans avoir recours à un planteur de profession ; un livre, enfin, susceptible de servir de guide sûr pour la production d'un bon houblon, indiquant en outre les moyens d'écouler ses produits avec avantage.

Chez les planteurs de profession, comme aussi dans les écrits sur cette matière, on rencontre une foule de contradictions et d'erreurs qui s'opposent aux progrès de cette culture ; ces erreurs et ces contradictions se rapportent surtout à l'exposition, au terrain, au choix des variétés, à la profondeur à donner au défonçage, aux distances à mettre entre les plants, à l'échalassement, aux quantités et aux qualités des engrais.

Planteur de houblon depuis ma jeunesse, ayant exécuté de mes propres mains toutes les opérations qui se rapportent à cette culture, et ayant eu occasion d'étudier sur les lieux mêmes les différents modes de culture des autres pays, j'ai cru devoir entreprendre de combler la lacune que j'ai signalée plus haut. J'espère, par le présent manuel, rendre service à ceux qui s'occupent de la plantation du Houblon.

L'AUTEUR.

Rotenbourg-sur-le-Necker, mars 1847.

INTRODUCTION

Le Houblon est, parmi les denrées agricoles du sud de l'Allemagne, celui qui jusqu'ici a produit le plus de bénéfices, et sa culture, dans laquelle sont engagés beaucoup de capitaux, se propage de plus en plus.

Mais, par la concurrence qui s'est élevée dans cette branche de l'agriculture, il ne suffit plus de livrer du Houblon quelconque; pour y réussir, pour être sûr d'écouler ses produits à des conditions avantageuses, il est de la plus haute importance de produire un Houblon riche en farine jaune (lupuline), aromatique, bien conditionné enfin pour la fabrication de la bière de mars. Sous un autre rapport encore, cette condition est tout à l'avantage du planteur : car la qualité ne diminue aucunement avec la quantité, au contraire, la quantité augmente avec la qualité.

Toute la réussite de l'entreprise dépend du premier établissement de la houblonnière; les fautes commises dans cette opération ne peuvent plus être réparées plus tard sans grande perte.

Donc, avant de s'engager dans la mise de fonds considérable qu'exige cette culture, il est absolument nécessaire de se familiariser d'abord avec toutes les conditions qui peuvent en assurer la prospérité.

Pour la culture du Houblon, il faut prendre en considération le climat, l'exposition et le sol; puis savoir établir un aménagement rationnel, à la hauteur des connaissances actuelles. Mais ce qui importe avant tout, ce sont des séchoirs convenables et assez spacieux. Sans bons séchoirs, point de bon Houblon : sa récolte n'est assurée qu'après qu'il a été desséché convenablement.

Le terrain approprié à la culture du Houblon s'améliore pour toujours et augmente de valeur, c'est un fait ; néanmoins ces frais de préparation du sol sont à porter sur le compte de cette plantation, car une autre culture n'eût jamais exigé un travail aussi dispendieux.

La plus forte dépense est celle de l'acquisition des perches. Celles-ci ne peuvent être remplacées par aucun autre moyen ; mais la dépense peut devenir moins onéreuse lorsqu'on sait se guider d'après des principes justes et rationnels.

La dépense de fumure est moins sensible, attendu qu'il est très facile aux propriétaires, grands et petits, de préparer du compost, qui convient mieux au Houblon que le fumier d'étable. Un point à prendre en considération avant d'introduire la culture du Houblon dans une contrée, c'est de savoir si l'on y peut trouver les ouvriers nécessaires ; c'est surtout à la récolte qu'il faut beaucoup de bras.

Cette branche de l'industrie agricole est toujours plus lucrative que toute autre culture, bien que le Houblon figure déjà parmi les productions de beaucoup de pays, comme la Bohême, la Bavière, le Wurtemberg, le grand-duché de Bade, la Saxe, l'Angleterre, les Pays-Bas, l'Amérique du Nord, etc.

En procédant d'après les principes et les règles qui découlent de l'expérience acquise jusqu'ici, le capital engagé dans la culture du Houblon ne sera jamais exposé ; les produits s'écouleront toujours avec de bons bénéfices. Mais pour cela il faut encore que la contrée soit favorable à cette culture, que le planteur y consacre beaucoup de soins et d'intelligence, et surtout qu'il mette beaucoup de probité dans la vente de cette denrée. Ceux, au contraire, qui, en présence des perfectionnements de la brasserie et des progrès que font les brasseurs eux-mêmes dans la connaissance du Houblon, voudront continuer à ne produire que des qualités inférieures et mal soignées ne manqueront pas de tomber en discrédit.

MANUEL

DU

PLANTEUR DE HOUBLON

CHAPITRE I.

Description de la plante.

Le Houblon (*Humulus Lupulus* L., famille des *Urti-cées*) est une plante grimpante et volubile des zones tempérées ; ses fleurs sont dioïques, c'est-à-dire les mâles et les femelles séparés sur deux individus différents. On ne cultive que des individus femelles. Il y a longtemps que le Houblon est usité dans la brasserie ; il y a longtemps aussi qu'il est cultivé comme plante commerciale.

La racine acquiert un âge de trente ans et au-dessus ; les sarments ou tiges grimpantes se renouvellent tous les ans.

La racine se développe par en bas et vers les côtés ; dans toutes ses parties elle est munie de chevelus nombreux. Le pivot est de couleur noire-brune, d'une épaisseur de 27 à 54 millimèt.; les racines nouvelles qui se forment tous les ans sont d'une nuance plus claire, jaune ou blanchâtre, épaisses de 2 à 6 millimètres. Il se forme des jets latéraux qui rampent sous terre jusqu'à une certaine distance et finissent par pousser des tiges : ce sont des marcottes naturelles par lesquelles la plante se propage. Cette propagation naturelle se fait toujours aux dépens du pied-mère, qui finit par périr.

Dès le premier printemps la racine principale, de même que les jets latéraux de l'année précédente, produit des turions vigoureux et charnus qui bientôt se développent en sarments. Parfois aussi on voit lever de petites plantes bien délicates provenant de semences. Les sarments, qui acquièrent jusqu'à l'épaisseur d'un doigt, sont creux et contiennent une séve sucrée ; ils se composent d'entre-nœuds de 30 à 45 cent. de longueur, et toute leur superficie est parsemée de petits crochets au moyen desquels ils s'attachent aux objets qu'ils enlacent pour s'y élever en grimpant, de gauche à droite, de l'orient à l'occident, en suivant le cours du soleil. Leur couleur varie d'après l'exposition et la nature du sol ; elle est rose, vert bleuâtre, rouge, rougeâtre, brune ; tantôt leurs côtes sont relevées, tantôt elles sont peu saillantes. Les feuilles sont opposées sur les nœuds des tiges au nombre de deux, rarement de trois ; de leurs axes se développent les rameaux avec des feuilles plus petites et des ramilles.

Les feuilles peuvent devenir grandes comme la main et longues de 30 centimètres ; ordinairement elles sont divisées en cinq lobes, rarement en trois, avec autant de nervures principales. Leur surface est plus ou moins rugueuse, leur bord découpé en dents aiguës ou obtuses, avec des incisions plus ou moins profondes entre les lobes ; leur couleur varie entre le vert clair et le vert foncé. Les pétioles (queues des feuilles) ont 10 à 15 centimètres de longueur. Souvent les feuilles supérieures ne sont qu'à trois divisions; les plus petites sont entières et en forme de cœur.

Les *fleurs mâles* se composent d'un calice à 5 folioles sans corolle; elles portent 5 étamines (filets) cachées dans le calice, qui, avant l'épanouissement, forme une boulette ronde, verte, sans aspérités. Ces fleurs sont blanches, disposées en grappes sur des ramilles faibles qui sortent des aisselles des feuilles. Elles s'ouvrent en juillet et répandent une grande quantité de poussière jaune très fine (pollen) que le vent et les insectes portent sur les fleurs femelles, ce qui détermine leur fécondation. Après cet acte, les fleurs mâles se fanent et tombent.

Les sarments des sujets mâles sont plus faibles que ceux des sujets femelles; leurs feuilles sont plus petites, et la plante en général est moins rugueuse.

Le Houblon mâle est très rarement cultivé; on le trouve çà et là par pieds isolés dans les houblonnières closes, où on le plante dans la croyance de favoriser le développement du Houblon femelle.

Les *fleurs femelles* s'épanouissent en juillet, parfois au commencement du mois, parfois au commencement d'août seulement. Elles sont réunies en chatons et disposées en grappes sur de petits rameaux floraux sortant des aisselles des feuilles. Ces grappes se trouvent ordinairement opposées deux par deux; parfois il y en a davantage. Les fleurs sont réunies par têtes de la grosseur d'un pois et placées au bout d'un pédoncule (queue) long de 10 à 28 millimètres. Chaque fleur isolée se compose d'une petite écaille, à la base de laquelle est placé l'ovaire (germe du fruit) surmonté de deux styles (aiguilles). Ce sont ces petites têtes de fleurs femelles qui donnent naissance aux *strobiles* ou *cônes* de Houblon. Ceux-ci, de forme oblongue plus ou moins carrée, arrivent jusqu'à une longueur de 54 millimètres. D'abord d'un vert clair, puis d'un vert jaune ou d'un vert blanchâtre, ils se colorent à leur maturité en jaune clair ou foncé ; parfois aussi ils deviennent blancs, ou restent d'un vert blanchâtre ; puis les écailles des cônes sont plus ou moins ouvertes ou serrées les unes contre les autres. Chaque écaille porte à sa base intérieure une petite graine plus ou moins développée, autour de laquelle se dépose, à la maturité, une farine jaune ou rougeâtre qui contient une huile aromatique d'une odeur agréable, parfois âcre et semblable à celle de l'ail.

Il paraît que cette farine est un suc résineux sécrété, sous forme de petits points transparents, par l'écaille qui protége la graine ; elle se trouve surtout autour de celle-ci. Peu visible à l'époque de la fécondation des fleurs, elle ne se développe en abondance qu'à l'approche de la maturité. De là on serait tenté de conclure que cette farine jaune est destinée à jouer un rôle dans la germination de la graine ; peut-être doit-elle concourir à la nutrition du premier germe lors de son évolution dans la terre.

La fécondation, comme il a été dit, s'opère par l'intermédiaire du vent et des insectes qui transportent le pollen des fleurs mâles sur les pistils des fleurs femelles. Les cônes fécondés renferment de grosses graines noires-brunes, une farine grossière, rougeâtre ; leur squelette est couleur de chair ; les écailles s'ouvrent à la maturité, et laissent échapper les graines et la farine. Les cônes qui n'ont pas été fécondés faute de pollen ne renferment que des vestiges de graines molles, jaunes et dépourvues de faculté germinative ; la farine reste jaune et conserve son odeur et sa force. La partie la plus essentielle de la plante, c'est cette farine jaune appelée *lupuline, sécrétion jaune*. Elle fournit la matière nécessaire et indispensable à la fabrication d'une bière agréable et de conserve.

D'après l'analyse chimique, la lupuline contient : Un principe mucoso-résineux, plus ou moins la moitié de son poids ;

Une huile volatile, 2 pour 100 ;

Un principe amer et astringent, 10 pour 100 ;

De la gomme ;

De l'acide malique ;

De l'acétate, du sulfate et du chlorure ammonique.

A l'état sauvage, le Houblon végète avec beaucoup de vigueur dans les forêts des vallées exposées au soleil et abritées contre les vents froids, au bord des champs, des rivières et des fleuves. On le rencontre ordinairement en terrain humide et riche, grimpant sur les arbres et les arbustes voisins, dont il se fait un appui, et étouffant sous son ombrage les autres plantes plus faibles.

CHAPITRE II.

Différentes variétés de Houblon.

Le Houblon sauvage ne présente qu'une seule variété. Les diversités que l'on observe souvent dans les nuances de sa couleur, le plus ou moins de développement que prennent ses sarments et ses feuilles plus ou moins rudes au toucher, toutes ces petites différences ne sont dues qu'à l'exposition, à la nature du sol ou aux influences météorologiques. Les cônes encore sont sujets à se modifier suivant ces causes.

Avec le temps, la culture de cette espèce a produit différentes variétés que l'on peut distinguer d'après leur couleur, la forme de leurs feuilles, la vigueur de leur croissance, la richesse en lupuline de leurs cônes ; mais ces caractères différentiels ne sont jamais tout à fait constants : toujours ils se modifient après une plantation plus ou moins prolongée, suivant l'exposition, la nature du sol et le mode de culture.

Le Houblon cultivé est généralement le seul employé dans l'industrie du brasseur.

En Bohême, on distingue quatre variétés cultivées et trois sous-variétés.

Variétés :

1. *Houblon rouge.* Sarments d'un brun rougeâtre ou d'un vert violet ; cônes oblongs, carrés par en bas, avec deux faces comprimées, de forme ovale vers la partie supérieure, d'une longueur de 40 millimètres, d'un jaune clair très vif, attachés à des pédoncules (queues) longs de 27 millimètres ; écailles rudes au toucher, comme couvertes de poussière.

2. *Houblon vert.* Sarments d'un vert clair ; cônes de forme ovale, souvent globuleuse, plus petits que dans la variété précédente, moins compactes, d'un vert clair ; pédoncules courts, minces, lisses et de couleur verte.

3. *Houblon vert-blanc.* Sarments d'un rouge clair ; cônes volumineux, très lâches, longs de 54 millimètres, carrés, tout à fait blancs ; écailles placées en ligne oblique ; pédoncules forts, longs de 27 à 40 millimètres.

4. *Houblon jaune.* Sarments d'un vert clair ; cônes petits, tout à fait ronds, d'un jaune doré.

Sous-Variétés :

A. *Houblon précoce rouge* ou *Houblon branchu.* Sarments d'un vert foncé ; cônes comme dans la variété 1.

B. *Houblon rouge à sarments violets ou rayés de brun* (rothe Hengsthopfen). Cônes ronds, allongés, assez grands, d'un vert jaune, parfois aussi d'un rouge brun.

C. *Houblon vert à cônes de couleur vert-olive.* (Grümer Hengsthopfen.)

En *Franconie* (Bavière), on en admet également quatre variétés :

1. *Houblon à sarments rouges,* à cônes très grands, d'un vert mat.

2. *Variété précoce, de qualité supérieure, à sarments d'un rouge clair.* Cônes luisants, de couleur orangée, mais plus souvent d'un vert jaune.

3. *Houblon tardif à sarments verts.* Cônes presque ronds, légers, à écailles ouvertes.

4. *Houblon tardif à sarments bleus.* Cônes carrés et pointus.

Le *spalter* a de petits cônes ronds d'un jaune verdâtre, carrés, à odeur forte, alliacée. C'est une variété tardive.

Le *Houblon de Schwetzingen* ou *d'Heidelberg* est une variété précoce. Ses cônes allongés, à quatre angles vers leur extrémité, d'un jaune blanchâtre, plaisent à l'œil ; mais ils sont de qualité légère.

En *Saxe,* on connaît du Houblon *rouge, vert* et *vert-blanc,* avec différentes sous-variétés, entre autres les suivantes.

A. *Houblon long, blanc, précoce,* à cônes longs, blancs, et à sarments d'un vert clair.

B. *Houblon court, blanc,* un peu plus *précoce,* à

cônes épais, denses, mais plus courts et à sarments d'un vert foncé.

C. *Houblon long, carré, tardif*, à cônes longs, carrés, et à sarments rougeâtres.

L'Angleterre en cultive trois variétés principales :

1° Une variété *longue*, *blanche*, très aromatique et très productive, du plus beau vert clair pâle ;

2° Une variété *ovale*, d'un *jaune verdâtre ;* elle est fort belle, mais moins productive ;

3° Le *Houblon long, carré, à odeur d'ail.* C'est la variété la plus productive et la plus rustique ; mais ses cônes mûrissent plus tard, deviennent trop rouges vers la queue, et généralement ils plaisent moins à l'œil.

Dans les Pays-Bas, outre un *Houblon blanc* et un *Houblon vert*, on a encore un *Houblon gris*.

La division la plus convenable est celle en *variétés précoces* et en *variétés tardives*, dont l'époque de maturité diffère de 10 à 15 jours.

A *Rottenbourg* sur le *Necker*, qui est la contrée houblonnière la plus renommée du Wurtemberg, on cultive comme *variétés précoces :*

1° Le *Houblon à sarments rouges.* Branches latérales courtes ; cônes petits, ronds, à écailles serrées, d'un jaune vif ;

2° Le *Houblon à sarments demi-rouges ;* branches latérales courtes, comme chez le précédent ; cônes grands, longs, carrés, jaunes ou d'un jaune rouge, moins serrés (c'est ce qu'on appelle le Houblon allemand) ;

Comme *variétés tardives :*

1° Le *Houblon à sarments verts ;* branches latérales longues et nombreuses ; cônes petits, carrés, passant à la forme ronde, d'un jaune clair :

2° Le *Houblon à sarments d'un vert bleu ;* branches latérales longues; cônes petits, carrés, passant à la forme ronde, d'un jaune clair ;

3° *Variété à sarments rayés de brun ou de rouge ;* branches latérales longues ; cônes de grandeur moyenne, denses, ronds, à écailles serrées, d'un jaune foncé.

Si l'on voulait faire attention à toutes les modifications partielles qui se rencontrent, on pourrait établir encore un grand nombre d'autres variétés.

Parmi celles ci-dessus, les meilleures sont les suivantes : pour les précoces, le n° 1, à sarments rouges ; pour les tardives, les n°s 2 et 3 ; car ces formes ont des cônes denses et serrés ; elles sont les plus riches en lupuline, et possèdent une odeur suave. Lorsqu'elles sont bien exposées, plantées en bon terrain et cultivées convenablement, ces variétés ont, en outre, la précieuse qualité de se propager sans dégénérer.

CHAPITRE III.

Caractères qui distinguent le bon Houblon.

Des cônes denses, à écailles foncées, une couleur jaune, beaucoup de lupuline, une espèce de résine attachée aux écailles, une odeur forte, mais agréable, tels sont les caractères du bon houblon, qui seul peut servir à la bière de mars. Ordinairement les variétés à cônes petits ou moyens possèdent ces qualités ; celles à grands cônes ont moins de lupuline et sont moins riches en arome. Dans ce cas se trouve le Houblon dit *allemand*, à branches latérales courtes; c'est la plus grande et la plus ancienne variété. Sa pauvreté en lupuline, ses cônes peu corsés font qu'on l'abandonne de plus en plus. Souvent il présente encore un autre inconvénient, c'est de pousser des feuilles à travers ses strobiles. Une nuance blanche ou blanchâtre annonce une espèce maigre, qui s'est formée dans des conditions défavorables d'exposition et de sol, ou qui a été plantée en terrain trop léger, en lignes trop serrées, ou dans un endroit trop froid et trop ombragé. Le *Houblon vierge* (c'est ainsi qu'on appelle la récolte de la première année) est en général plus gras que le Houblon ordinaire; mais il n'a pas une odeur aussi fine; ses cônes, au lieu d'être jaunes, sont verts ou d'un vert jaune. Par sa richesse en séve, il arrive souvent qu'il est rempli de pucerons. Le Houblon ne doit pas être desséché au point de devenir cassant, sans cela les écailles se détachent, la lupuline tombe ou durcit trop par le contact de l'air, et par là devient moins soluble. Le Houblon léger sèche plus facilement que le Houblon lourd; mais il ne peut être conservé longtemps sans perdre de ses qualités, ce qui le rend impropre à la bière de mars.

CHAPITRE IV.

Du climat.

Le Houblon, pour bien réussir, exige principalement de la chaleur et de l'humidité à un degré convenable et égal. Des changements de température fréquents et brusques, un froid trop prolongé, une humidité trop continue, une sécheresse trop intense, toutes ces inégalités climatériques entravent la croissance et le développppement de cette plante. Le Houblon exige à peu près le même climat que la Vigne ou le Chêne. Dans les pays où cette essence cesse de prospérer, le Houblon ne peut plus donner qu'un produit de qualité inférieure.

Le Houblon craint les brouillards et un air lourd ; dans les contrées basses et peu aérées, il est ravagé par des insectes nuisibles et prend toutes sortes de maladies. Ce qui lui convient le mieux, c'est un climat chaud, humide plutôt que sec, mais sans être pluvieux, ni nébuleux, peu accessible aux vents impétueux et aux changements brusques de température.

Ces conditions climatériques se trouvent en Bohême, pays depuis longtemps renommé pour ses Houblons, principalement dans les contrées de l'Eger, de l'Elbe : à Saaz, Falkenau, Auscha, etc. Les environs de l'Angel, de la Misa, de la Rabusa, de Schwibau, de Klattau, de Przestiz, de Luschau et Lukawez, de Crzinez, etc., au contraire, sont moins chauds et par conséquent moins avantageux à cette culture.

La Franconie (Bavière) également est réputée pour ses Houblons ; aussi les contrées de la Rezat (Spalt), de Pegniz (Lauff, Hespruck, etc.), de Zena (Langenzenn) jouissent-elles d'un climat assez chaud.

Les contrées du Necker, d'un climat plus doux encore que celles de la Bohême et de la Franconie, pourraient bien aussi être plus convenables pour la culture du Houblon. Toutes les variétés y mûrissent environ quinze jours plus tôt. Ainsi Rottenbourg, sur le Necker, produit un Houblon que les marchands vendent depuis longtemps sous les noms les mieux famés de la Bohême et de la Bavière.

CHAPITRE V.

De l'exposition.

Le Houblon veut absolument de l'air et du soleil ; donc l'exposition qui lui convient le mieux, ce sont les pentes douces au revers méridional des collines et des montagnes, dans des vallées larges, aérées, bien exposées au soleil, abritées des vents froids du nord et du nord-est par des élévations de terrain, des montagnes, des forêts, des bâtiments, etc. Le Houblon est très sensible aux vents du nord, qui l'entravent dans sa végétation, comme en général tout passage subit du chaud au froid. Les vents impétueux, les ouragans, qui ordinairement arrivent de l'ouest, sont fort dangereux aussi par les dégâts qu'ils font dans les houblonnières en renversant les perches, en cassant et déchirant les branches et les sarments battus les uns contre les autres. Il est donc naturel que les plateaux, les sommets des montagnes, en général tous les lieux livrés sans aucun abri à l'action du vent ne conviennent pas à la culture du Houblon. Les pentes rapides, où la terre est toujours enlevée par les pluies, où les travaux sont plus difficiles à exécuter et par conséquent plus onéreux, ne sont pas non plus avantageuses au Houblon.

Dans les plaines, les changements de température sont plus brusques et plus fréquents ; il y a plus de brouillards et de vapeurs, les rayons du soleil y ont moins d'action ; de là vient que dans ces contrées la récolte est plus exposée à des éventualités et le produit inférieur en qualité. Dans les vallons placés au fond d'un entonnoir étroit, où l'air reste toujours humide et lourd sans pouvoir se renouveler, le Houblon ne peut jamais bien réussir.

La houblonnière craint le voisinage des fleuves, des rivières, des lacs, des marais, etc., de même que celui des centres de population ; car les vapeurs humides des eaux vives et stagnantes, les émanations qui se dégagent des villes et des villages où une certaine population se trouve agglomérée sont autant de causes qui peuvent produire une température inégale, des moments d'arrêt dans la circulation de la séve, des maladies, des insectes nuisibles, etc. Tout près des forêts ou au milieu des bois, il y a toujours à craindre les ravages des insectes et le manque d'air. La proximité des routes, des moulins, ou enfin de tout ce qui répand beaucoup de poussière est également nuisible à ce produit.

Sur les pentes tournées vers le nord, le nord-est ou le nord-ouest, le Houblon devient fluet ; il prend peu de corps et reste pauvre en lupuline, ce qui le rend impropre à la fabrication de la bonne bière.

CHAPITRE VI.

Du sol.

Le climat et l'exposition ont plus d'importance pour la propriété du Houblon que la nature du sol. D'ailleurs le sol peut être modifié, amélioré ; il n'en est point de même de l'exposition et du climat. Néanmoins il y a des terrains qui valent mieux que d'autres pour cet usage ; donc la connaissance du sol le plus convenable ne manque pas d'avoir une grande valeur pour le planteur.

Le Houblon demande un terrain chaud, ni trop sec ni

trop humide, profond, riche et assez meuble. Les terres marneuses et lehmeuses (terres franches)[1] sont celles qui remplissent le mieux ces conditions. Les meilleures sont celles où dominent le sable et l'argile ; puis viennent les lehms calcaires, ensuite les sables lehmeux et calcaires, enfin les sols calcaires avec plus ou moins de sable et d'argile. Dans les sables et l'argile purs, le Houblon réussit moins bien ; les premiers sont trop secs, la seconde est trop tenace. Les terrains tourbeux et marécageux sont tout à fait impropres au Houblon.

Les meilleurs produits des pays en renom viennent dans les marnes et dans les lehms. Ainsi les houblonnières de Wisoka, de Saaz, d'Auscha, de Falkenau sont plantées dans des sols de lehm sableux ou de marne. En Bavière encore, ce sont les terres marneuses et lehmeuses qui produisent le Houblon. A Rottenbourg (Wurtemberg), ce sont en majeure partie les marnes ou les lehms sableux qui donnent ces produits ; mais les meilleures viennent dans les lehms sableux et calcaires. Le Schwetzingen se cultive dans le sable ; il est beau, mais peu corsé.

Jusqu'ici on n'a cultivé le Houblon, sauf de rares exceptions, que dans les terres peu propres aux céréales ; au fond des vallées et dans les plaines où la couche arable est riche en humus, on a généralement, et avec raison, donné la préférence à ces dernières plantes. C'est que, pour les céréales, la couche arable joue un plus grand rôle que le sous-sol, tandis que, dans la culture du Houblon, le

---

(1) Le mot *lehm* n'a pas son équivalent exact dans la langue française. Ailleurs je me suis servi du mot anglais *loam*. Désormais je ferai usage du terme allemand *lehm*, qui me paraît plus facile à franciser que celui de *loam* (prononcez *lôm*).

TRADUCTEUR.

sous-sol a tout autant d'importance que la terre superficielle.

Souvent il arrive que les champs des vallées ont un
sous-sol dont la composition est tout à fait contraire au
Houblon, par exemple le gravier, la tourbe, etc.; sur les
pentes des collines, des montagnes, etc., ces espèces de
terres vierges sont très rares. Il peut arriver que la couche
arable d'une pente est plus maigre en haut qu'en bas ;
mais cet inconvénient disparaîtra par le défonçage, par le
mélange du sous-sol avec la couche arable, et surtout lorsque le sous-sol renferme des restes d'animaux (de coquil-
lages, par exemple) et de plantes. Au reste, il est de règle,
comme nous l'avons établi au chapitre précédent, de toujours donner la préférence aux terrains en pente pour la
culture du Houblon.

Si le terrain que l'on destine à la houblonnière n'a pas
tout à fait les qualités requises, il faut chercher à lui
donner artificiellement ce qui lui manque. Ainsi le terrain glaiseux, par exemple, doit être assaini et ameubli, afin que les substances animales, végétales et miné-
rales qui s'y trouvent soient mises en état d'être assimilées
par les plantes. Un défonçage profond conduit déjà en
partie à ce but ; mais pour que le terrain glaiseux acquière
toutes les qualités qu'il doit avoir il est absolument indispensable de l'amender avec de la marne sableuse ou
calcaire, ou aussi avec du sable, du limon des étangs, de
la terre gazonneuse, etc.

Aux terrains sableux et calcaires légers on ajoute des
terres argileuses, par exemple de la marne argilo-calcaire,
des schistes argileux, etc. ; par ce moyen ces terrains deviennent plus compactes, plus forts et perdent moins vite
leur humidité.

Les sols tourbeux ont besoin d'être assainis et amendés avec de la chaux, des cendres, etc.; mais avant d'y planter du Houblon il faut d'abord les mettre en valeur par d'autres cultures.

Les terrains trop humides doivent toujours et avant tout être desséchés par des saignées.

Dans les sols pierreux, on commence par éloigner toutes les grosses pierres qui pourraient entraver le développement des racines; puis on y conduit de la bonne terre.

Tous ces moyens d'amélioration peuvent être employés en même temps que l'on dispose le terrain pour la plantation du Houblon.

CHAPITRE VII.

Préparation du terrain.

Tout d'abord on commence par défoncer le sol. Pour que le Houblon soit à même de pousser des sarments vigoureux, des branches, des feuilles et des fleurs de bonne qualité, il faut que ses racines puissent librement s'étendre dans le sol, pour y puiser la nourriture nécessaire à la plante. A cet effet, il est nécessaire que le terrain soit ameubli à une profondeur suffisante, que la terre retournée soit bien mélangée, qu'elle puisse être pénétrée par l'air atmosphérique, qu'on en ait éloigné tous les obstacles susceptibles de gêner la végétation, comme l'eau, les pierres, etc.

Il arrive parfois que, pour économiser, on défonce le sol avec la charrue; mais ceci est une économie très mal placée et avec laquelle on n'économise rien, au contraire.

Avec la charrue, le défonçage ne devient jamais aussi profond, le mélange de la terre ne se fait jamais aussi bien qu'avec le hoyau et la bêche, et pourtant ce sont là deux conditions indispensables pour obtenir des produits abondants et de bonne qualité. La charrue ne peut être employée que tout au plus dans les terres bien meubles, profondes et de composition uniforme ; mais qu'on n'y songe pas pour les terrains pierreux ou pour ceux formés de couches superposées et de composition différente.

En opérant avec la charrue, on la fait passer deux fois dans la même raie ; mais pour cela il importe de faire usage au moins d'une bonne charrue à défoncer. D'abord on donne deux labours à l'automne, puis encore un labour au printemps avant de planter ; la terre doit être bien pulvérisée et le champ égalisé avec la herse.

Le défonçage à la main, au moyen du hoyau (*fig.* 1) et

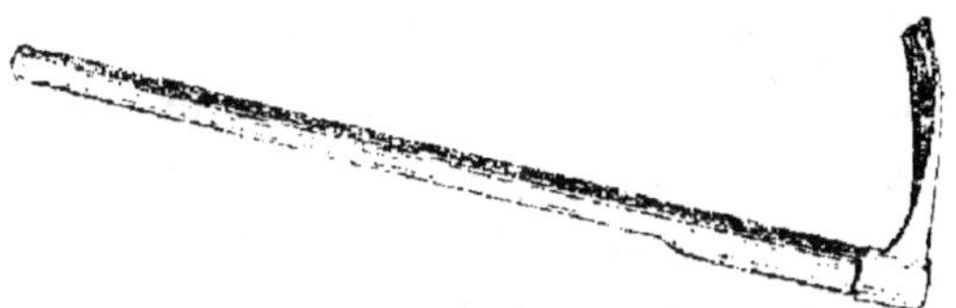

Fig. 1. — Hoyau.

de la bêche est plus coûteux que celui à la charrue ; mais, quoique plus coûteuse, cette pratique est également plus économique en fin de compte ; car le surcroît de frais se balance dans une seule année par un surcroît de produit. Les racines du Houblon pénétrant profondément en terre, il faut que celle-ci soit défoncée à 90 ou à 70 cent, pour le moins. Mais un défonçage de 90 cent. est toujours fort utile ; car, au bout de cinq à six ans, les racines sont déjà à plus de 90 cent. de profondeur. Cette opération se fait à l'automne, afin que la terre puisse se tasser convenablement jusqu'au printemps suivant.

La meilleure manière d'y procéder est la suivante.

A la partie la plus basse du champ, on commence par faire une tranchée d'une profondeur de 75 cent à 1 mètre sur une largeur de 1 mètre, $1^m,15$ ou $1^m,30$. Le travail se fait en amont, et la terre déblayée se place en aval sous forme de parapet, qu'on laisse jusqu'à la fin de l'opération. A côté de cette tranchée, on entame la terre sur une largeur de $1^m,15$ à $1^m,30$ et à une profondeur de 50 cent. Cette terre remuée est jetée dans le creux de la première tranchée, de manière que celle-ci ne forme qu'un seul et même niveau avec la seconde, creusée à moitié seulement; on a alors pour le moment une tranchée de $2^m,60$ de largeur. On achève de défoncer les 50 cent. de terre non remuée de la troisième tranchée, et on continue à combler avec ce déblai la première, qui alors se trouve remplie, et, comme la terre a été ameublie par ce maniement, le remblai sera un peu plus élevé que le terrain non encore défoncé. La troisième entame se fait, comme la seconde, à $1^m,30$ de largeur sur une profondeur proportionnelle, mais toujours en sorte que la couche supérieure, à une épaisseur de 50 cent. environ, vienne à être placée au fond de la tranchée précédente et que la terre du fond soit amenée à la surface. On continue ainsi jusqu'au bout [1]. A la dernière tranchée il y aura manque de terre pour la combler; à cet effet, il faudra transporter en haut, avec des paniers ou des hottes, etc. , le déblai de la première

[1] Le principe de l'opération consiste à retourner toute la terre à une profondeur de $0^m,75$ à 1 mètre, de placer au fond la terre qui est à la surface, et d'amener à la surface celle qui se trouve au fond. C'est comme on fait pour la Vigne, par exemple. TRADUCTEUR.

tranchée, placé en aval sous forme de parapet. Tout le terrain défoncé doit alors présenter une surface bien unie.

Pendant le cours de l'opération, on aura soin d'éloigner les grosses pierres, d'enlever les bancs de glaise ou de gravier que l'on pourra rencontrer. Si la terre sur laquelle on opère est forte, le gravier pourra servir à l'ameublir.

Si l'on a affaire à un sol très fort, très tenace, à un sol glaiseux par exemple, on ne négligera pas, avant de procéder au défonçage, de le couvrir d'une couche de substances propres à le rendre plus meuble par le mélange qui se fera autant que posssible pendant cette opération. Les matières qui, dans ce cas, pourront servir d'amendements sont : le sable, les marnes calcaires et sableuses, le limon des étangs, la terre gazonneuse, la charrée, le marc de soude, le vieux tan, la boue des routes, la balayure des rues, etc., enfin tout ce qui est susceptible d'alléger les terres fortes. Suivant le plus ou moins de facilité que l'on a à se procurer ces matières, on les emploie isolément ou ensemble. Dans ce dernier cas, on les met en tas, et on les mélange bien.

Comme nous l'avons dit, les sols marécageux et humides ne se prêtent guère à la culture du Houblon ; néanmoins il peut arriver qu'un terrain pareil se trouve en bonne exposition, et que les peines et les dépenses nécessaires pour le mettre en houblonnière soient amplement compensées par le produit [1].

Différentes causes peuvent rendre un terrain humide ou bourbeux. Si l'excès d'humidité provient de sources, il sera facile, et sans autres frais, d'obvier à cet inconvénient

[1] Il en existe de nombreux exemples en Alsace, notamment aux environs de Benfeld et de Haguenau. TRADUCTEUR.

par le défonçage même. Dans ce cas, on donne aux tranchées une direction oblique pour faciliter l'écoulement de
l'eau : mais avec la précaution d'en augmenter la profondeur de 15 cent. environ, que l'on remplit de pierres ou de
cailloux ; puis on recouvre de paille ou de broutilles pour
empêcher les terres de boucher les interstices de ce drainage [1]. Lorsque l'eau n'est pas trop abondante, il suffira
d'arranger ainsi une tranchée sur trois ; lorsqu'au contraire il y aura trop d'eau, il faudra pratiquer plusieurs
fossés ouverts de 1 mètre à 1^m,30 de largeur, sur une
profondeur de 1^m,15, afin de hâter autant que possible
son écoulement et son évaporation par l'action de l'air et
du soleil. Mais si, faute de pente suffisante, il n'est pas
possible d'assainir la terre par le moyen ci-dessus, il ne
reste plus qu'à creuser des réservoirs dans lesquels l'eau
vient se rassembler pour occuper le moins de surface possible. Du reste les terres qui se trouvent dans ce cas ne
sont plus de nature à être utilisées ; pour le houblon d'abord elles sont toujours trop humides, puis il est probable que leur exposition ne sera pas tout à fait convenable.
Il vaudra mieux les destiner à d'autres cultures, par
exemple à la cardère, etc.

Les terres tourbeuses ont besoin d'être assainies et
amendées avant le défonçage. A cet effet, on commence par
y tailler des rigoles qui aboutissent à un fossé d'écoulement ; lorsque la croûte tourbeuse est suffisamment desséchée, on l'écobue, on y répand les cendres produites par le
brûlage, puis on couvre de marne calcaire. Pour le défonçage proprement dit, il sera bon d'observer les règles indiquées pour les terrains humides. Donner à ce terrain une

---

(1) Il est certainement des cas où il peut être avantageux de drainer par le moyen des tuyaux.

culture préalable de céréales, ou mieux encore de plantes sarclées, est une excellente méthode ; car alors le houblon réussit mieux, et devient plus aromatique.

Il va sans dire que le défonçage des sables et des calcaires légers doit être précédé d'une bonne couverture de terres plus fortes, telles que la marne argileuse, le schiste argileux, afin que, par le remaniement du terrain, le mélange se fasse bien.

Quant à la fumure des terres destinées à être mises en houblonnières, nous dirons qu'elle est inutile et trop coûteuse à appliquer de suite avec le défonçage, surtout lorsqu'on a affaire à une bonne terre. Même dans les sols maigres, il sera plus convenable de placer le fumier dans les trous, à proximité des plants, que de le mêler avec la terre en la défonçant ; car, il pourrait arriver justement que, par places, il y eût des pieds privés de fumure.

C'est du défonçage plus ou moins profond, des amendements employés, enfin de la préparation du sol, que dépend la réussite de la houblonnière. Celui qui aura opéré d'après des règles rationnelles verra bientôt ses frais amplement couverts ; celui qui, au contraire, croira qu'un défonçage profond est inutile, qu'il est nuisible à la plante si les racines pénètrent profondément dans le sol, celui-ci, disons-nous, se trompe gravement ; il ne reconnaîtra son erreur que lorsqu'il sera trop tard.

CHAPITRE VIII.

Choix des plants.

Comme plants, on peut se servir des jets radicaux que poussent annuellement les racines, ainsi que des rejetons que forment ces dernières sous terre, et qui finissent toujours par pousser des surgeons. Ces jets et ces rejetons sont enlevés de la racine-mère au moyen d'un couteau ; la meilleure saison pour cela est le printemps, afin qu'on les puisse replanter de suite. Si les circonstances s'opposaient à la transplantation immédiate, il faudrait les conserver dans un endroit frais, à l'abri de la pourriture, dans une bonne cave, par exemple, ou aussi les mettre en jauge dans un jardin.

Les jets radicaux doivent être jeunes, de l'année. On les reconnaît à leur couleur claire, plus ou moins blanchâtre ; les jets anciens sont bruns ou brunâtres. Ils ne doivent pas être creux, ligneux, rongés, pourris, fendus ou écorchés, ni endommagés d'aucune manière. Il faut toujours les choisir bien frais et bien sains, de l'épaisseur d'un doigt, longs de 10 à 18 centim., et pourvus de plusieurs bons yeux ou nœuds. Il n'est pas nécessaire que les plants soient tout à fait unis et sans aucun chevelu ; au contraire, ceux qui ont un peu de chevelu reprennent plus vite. Il est impossible de reconnaître les variétés par la nuance plus ou moins jaunâtre des plants ; cette nuance dépend uniquement de l'influence du sol et de l'âge des souches.

Les jeunes souches produisent des jets plus vigoureux, plus longs et de couleur plus claire que les vieilles souches. Les rejetons peuvent, dans une seule année, acquérir une longueur de 60 cent. à 1 mètre, et au delà. Lorsqu'on veut s'en servir comme plants, on les coupe par morceaux de $0^m,15$ à $0^m,18$ de longueur, toutefois en rejetant la portion qui a poussé immédiatement de la souche.

Dès qu'un pied a deux ans, il peut fournir des plants ; ceux de cinq à six ans peuvent encore en donner de bons.

Mais plus les souches sont vieilles, plus les rejetons sont courts et pauvres en yeux; il est donc bon de ne lever les plants que sur les jeunes pieds. Le choix des plants est chose importante. Il faut toujours les tirer de préférence d'une houblonnière convenablement aménagée, dont le sol est plus maigre que celui qui doit les recevoir, et dans lequel on cultive de bonnes variétés, précoces ou tardives, produisant de petits cônes denses et riches en lupuline. Si le climat et l'exposition de la nouvelle houblonnière sont nébuleux et peu favorisés par la température, il sera plus avantageux de planter du Houblon précoce; car le Houblon tardif pourrait ne mûrir qu'incomplétement, et en tout cas, la saison étant plus avancée lors de la récolte, il sera plus difficile à faire sécher. Mais une bonne règle à observer, même dans les conditions les plus favorables de climat et d'exposition, est de planter toujours des variétés précoces en même temps que des variétés tardives, toutefois en ayant soin de les planter en massifs, et non entremêlées. Cette méthode présente différents avantages. La récolte de toute la houblonnière n'arrivant pas en même temps, il faut moins de bras à la fois, et moins d'espace pour le séchage. Lorsqu'arrive la récolte du Houblon tardif, le précoce est déjà cueilli et séché.

Dans la plupart des contrées à conditions favorables de sol, de climat, d'exposition, on peut se procurer des plants de bonnes variétés productives ; mais qu'on n'oublie pas que les variétés dégénèrent dès qu'on les place dans des conditions différentes de leur origine. En plaçant dans un terrain léger un plant venu en terre forte, on obtient autre chose que ce qu'on a planté. Souvent, au bout de quelques années, les caractères primitifs ont entièrement disparu. Il n'est donc pas nécessaire de tirer ses plants de la Bohême ou de Spalt; d'autres contrées (par exemple le Wurtemberg) possèdent des variétés qui valent bien celles-ci. Du reste, nous le répétons, la production d'un bon Houblon dépend principalement du climat, de l'exposition, du sol et du mode de culture.

Que ceux qui ont pour voisins de bons planteurs donnent toujours la préférence à ceux-ci pour l'achat de leurs plants, au lieu de les faire venir de loin. D'abord ils pourront voir de leurs yeux ce qu'ils achètent, sans s'exposer à être trompés; leurs plants ne resteront pas longtemps hors de terre et ne risqueront pas d'être endommagés par le transport et l'emballage; puis il y aura économie.

Pour faire voyager les plants et les conserver en bon état, il est indispensable de les bien emballer avec de la mousse et de la paille, pour les garantir de l'influence de l'air et du soleil, ainsi que de toute blessure ou écorchure.

CHAPITRE IX.

Plantation.

On sait que le Houblon est une plante qui aime l'air et le soleil; ainsi, en établissant une houblonnière, il est absolument indispensable de se conformer à ce principe, même pour le placement de chaque pied. Il ne suffit pas d'avoir trouvé une exposition convenable; il faut encore planter de manière que les pieds ne se gênent pas l'un l'autre, qu'ils ne s'interceptent pas mutuellement l'air et la lumière, que leurs branches ne se touchent pas; autrement la production souffrirait en quantité comme en qualité.

Ordinairement, on met 1^{m},74 de distance d'un pied à

l'autre ; sur les plans inclinés, on peut distancer à 1^m,60, même à 1^m,45 seulement ; mais en plaine il faut toujours 14 à 28 centim. de plus que sur les pentes. De cette manière chaque pied jouirait individuellement d'une étendue de 2^m,46 à 3 mètres, sur les pentes de 2 mètres au moins et en plaine, par le plus fort espacement, de 3^m,28.

Les ruelles sont disposées de manière à être ouvertes vers le midi, et à se diriger du nord au sud. La plantation en carré

    · · ·

    · · ·

    · · ·

vaut mieux que celle en quinconce.

    · · ·

      · ·

    · · ·

Par le quinconce, les ruelles deviennent plus étroites, il est plus difficile de maintenir les rangées en ligne régulière, il y a plus de travail et plus de dépense, car il faut plus de plants et par conséquent plus de perches, et tout cela sans compensation aucune, sans aucune augmentation de produits ; au contraire, les pieds étant plus rapprochés, on risque d'obtenir un produit moins bon.

Celui qui s'imagine que *plus il y a de pieds*, *plus il y aura de Houblon*, se trompe gravement. Ce n'est pas le nombre qui fait la richesse du produit; c'est plutôt un espacement convenable, qui permet le libre accès de l'air et de la lumière ; car de l'action de ces deux agents dépendent beaucoup et la qualité et la quantité. Un pied isolé peut donner jusqu'à 500 grammes de produit net par perche ; on peut en obtenir autant dans les houblonnières espacées à 1^m,74 ; en plantation plus serrée l'on ne peut compter que sur la moitié au plus. A cela il y a encore à ajouter les nombreuses maladies qui atteignent plus facilement les houblonnières serrées que les houblonnières convenablement espacées.

Les plantations du dernier siècle étaient toujours très distancées. Plus tard, on croyait gagner davantage en plantant sur un espace donné un plus grand nombre de pieds ; mais dans ces derniers temps l'erreur a été reconnue avec évidence, et on s'est hâté de détruire les plantations trop serrées, même celles qui ne dataient que de deux ans. Il y a bien des planteurs qui mettent leur orgueil dans le grand nombre de leurs perches plutôt que dans le bon conditionnement de leurs plantations ; en cela ils ressemblent à ces cultivateurs inintelligents qui aiment mieux avoir beaucoup de bétail maigre et chétif que de posséder un petit nombre de bêtes bien nourries, fortes et vigoureuses.

Ainsi le premier point à observer pour la pose des plants c'est de les espacer suffisamment et à distance égale dans tous les sens.

Dans plusieurs contrées, on a l'habitude de faire alternativement une ruelle étroite et une ruelle large ; mais cette pratique n'est pas bonne. Les pousses ne sortent pas toujours de terre à la même place où l'on a mis le plant ; elles en dévient parfois jusqu'à 27 centimètres.

Pour la plantation, on procède de la manière suivante.

Avant tout, on divise le terrain en carrés au moyen d'un cordeau et d'une verge de 2 mètres environ, avec divisions en centimètres ; la place des plants est marquée par des piquets. A cet effet, on mesure (lorsqu'on veut piqueter à 1^m,74 de distance) 87 centimètres du bord de la pièce à planter, en commençant par le côté sud, et l'on tire le cordeau de l'est à l'ouest si la largeur est dans le sens de ces deux points, ou du sud au nord si la largeur se trouve entre ces deux autres points cardinaux, mais, en tous cas, de manière que les ruelles viennent à être ouvertes dans la direction du midi. Ainsi, à 87 centimètres du bord on place un piquet ; de ce point, on mesure 1^m,74 sur la ligne du cordeau, l'on pose un nouveau piquet, et ainsi jusqu'à ce que la ligne soit remplie. La seconde ligne est commencée de même, toujours à 87 centimètres du bout de la pièce, mais à 1^m,74 de la ligne précédente, et ainsi pour le reste. Veut-on faire le piquetage plus serré, 1^m,60 ou 1^m,45, par exemple, on aura à prendre ses mesures en conséquence.

Auprès de chaque piquet, on creuse une fosse de 60 centimètres de profondeur en terre maigre, en bonne terre de 45 ou même de 30 centimètres seulement. Dans chaque fosse on met, pour les terres maigres, de bon compost, du fumier d'étable bien consommé et mêlé de terre, de la terre gazonneuse et de bon terreau à environ 15 centimètres d'épaisseur ; en bonne terre, il suffira de quelques poignées de compost. C'est dans ces fosses ainsi préparées que l'on pose les plants. A la rigueur, un seul plant suffirait toujours par fosse ; mais la prudence exige qu'on y en mette deux ou trois, car l'un ou l'autre pourrait périr par accident, et il resterait une place vide.

Si les plants sont forts et pourvus de plusieurs bons yeux, il y en aura assez avec deux par pied ; mais, s'ils sont faibles, il faudra toujours en poser trois ensemble. Les plants doivent être placés de manière que leurs yeux

soient tournés vers le haut ; en terre, ils doivent s'éloigner
l'un de l'autre et se rapprocher par le haut, afin que les
racines puissent mieux s'étendre et que les pousses sortent
de terre autant que possible au même point (*fig.* 2). On

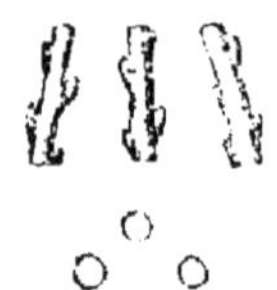

Fig. 2. — Plants.

remplit de terre les espaces restés vides, et
l'on tasse bien contre les plants ; puis on
couvre légèrement de terre. L'épaisseur de
cette couche de terre n'est pas indifférente.
En terre forte, elle doit avoir de **2** à **3**
cent., le double en terre légère. Si on la
donnait trop épaisse dans les terrains forts,
les plants pourraient se trouver étouffés ;
dans les terrains légers, cette précaution sert à faire prendre
plus de force aux pousses. Plus la couverture donnée **aux**
plants est légère, plus les pousses sortent vite de terre, et
vice versâ ; néanmoins, quant à l'épaisseur de **cette** couverture, il faut toujours prendre en considération la nature du sol et la température probable après la plantation.
Lorsqu'au printemps, qui est pour cela l'époque la plus
convenable, on peut encore prévoir un temps froid **et**
humide, il est nécessaire de donner plus d'épaisseur à
cette couche de terre, afin de garantir les plants du froid
et pour les empêcher de pousser trop vite. Les plants n'ont
ordinairement que **18** à **19** centimètres ; on les place **à**
une profondeur de **30** à **45** centimètres, et, comme la
couverture qu'on leur donne n'a que **2** à **6** centimètres
d'épaisseur, il s'ensuit que la fosse faite pour la plantation
ne se comble pas de suite lors de cette opération. Mais
alors il y a une précaution à prendre : c'est d'amasser en
forme de butte la terre qui couvre le plant, afin que les
eaux pluviales s'écoulent des deux côtés et ne **viennent**
pas séjourner sur le plant même. Ce n'est qu'au premier

labour qu'on achève de combler la fosse avec la terre restante.

La manière de placer les plants varie suivant les localités, même dans les contrées célèbres de la Bohême.

Aux environs d'Auscha, on pique au fond de la fosse un trou perpendiculaire au moyen du plantoir; on y place le plant, avec la longueur duquel on fait correspondre la profondeur du trou, puis on donne une couverture de terre épaisse de 27 millimètres en terre forte, et d'une épaisseur double en terre légère de sable ou de marne.

A Falkenau, on ouvre une fosse oblique au moyen du hoyau, on y place trois plants de manière que l'un se trouve séparé de l'autre par un peu de terre; car, s'ils se touchaient, ils pourraient être attaqués de la pourriture. Les plants se couvrent d'une couche de terre de forme bombée, épaisse de 27 à 58 millimètres, puis on les entoure d'une raie circulaire pour l'écoulement des eaux pluviales.

Près de Saaz, on met également trois plants ensemble, mais sans les séparer avec de la terre; lorsqu'il fait un temps très sec, on les fait tremper dans de l'eau bourbeuse, toutefois en évitant la formation d'une croûte de terre sur les plants.

En Bavière, on a une autre méthode fort usitée. Après avoir bien fumé, façonné et aligné le sol, on forme des crêtes élevées, dans lesquelles on amasse toute la bonne terre. Pour placer le plant, les uns creusent autour des piquets des rigoles d'une profondeur de 12 à 13 centimètres et de la largeur de la main : dans ces rigoles ils placent plusieurs plants à égale distance, les yeux tournés en haut; ils recouvrent avec la terre déblayée et une partie de celle qui se trouve aux côtés pour former une petite butte au-dessus du plant. Alors ils piétinent la terre tout autour, pour qu'il ne reste pas de creux. D'autres font autour du piquet un trou de 27 à 30 centimètres de profondeur, y placent les plants, les couvrent de terre qu'ils pressent bien contre celle-ci.

Outre ces méthodes, il y en a une autre fort simple ; elle consiste à planter au plantoir et sans creuser aucune fosse. Mais cette méthode n'est praticable qu'en terre légère ; le Houblon ayant besoin d'un terrain bien ameubli, il serait fort imprudent d'opérer ainsi pour les terres fortes.

Il n'est pas convenable de planter le Houblon à l'automne. Du reste, la taille des racines n'ayant généralement lieu qu'au printemps, il serait même difficile de se procurer des sujets à cette époque de l'année. Ceux-ci passeront toujours mieux leur hiver attachés au pied-mère que coupés et replantés. Donc la meilleure époque pour ce travail, c'est le printemps. On profite alors de l'arrière-saison précédente pour faire défoncer le sol, qui devient plus meuble par l'influence du froid de l'hiver, et on a de plus l'avantage d'utiliser des bras inoccupés dans cette saison de chômage pour les travaux agricoles.

S'il arrive que des plants restent sans pousser, on ouvre la fosse pour en connaître la cause. Si on la trouve dans un excès d'humidité ou dans la présence de grosses pierres, etc., on replace les plants si ceux-ci sont restés sains, après avoir éloigné ces obstacles. Les plants sont-ils gâtés, on les remplace par d'autres, qu'on aura eu soin de conserver en jauge dans un lieu ombragé. A la seconde année, les pieds morts peuvent se remplacer par des plants de la pièce même. Plus tard, après la quatrième ou cinquième année, il n'est plus convenable d'opérer des remplacements par de jeunes pieds; ceux-ci auraient de la peine à prospérer sous l'ombre épaisse de la houblonnière et dans une terre déjà entrelacée de racines; puis on risquerait encore d'obtenir un produit différent, même inférieur en qualité. Alors on a recours au marcottage. À cet effet, on prend un à trois sarments d'un pied fort du voisinage, on les couvre de terre sur toute la longueur qu'ils parcourent pour arriver à leur nouvelle destination; là on rattache la partie restée hors de terre.

Quant à l'époque précise de la plantation, elle dépend de celle de la taille des racines. Suivant la température, elle se trouve placée ordinairement entre le commencement d'avril et la mi-mai. Si en mars le temps est favorable (chaud et sec), et promet de se soutenir, on peut planter déjà à la fin de ce mois, même plus tôt.

Avant la plantation, on peut faire tremper les plants dans de l'urine pourrie (additionnée de 75 grammes de sel de cuisine et de 30 grammes de salpêtre par 20 litres) ou aussi dans du purin fermenté.

Par un temps sec continu, il faut arroser. Pour les bonnes terres bien fumées, l'eau simple suffit; on prend du purin étendu d'eau pour les sols maigres, et on arrose matin et soir. Pour empêcher la formation d'une croûte sur les plants arrosés, on y jette une pelletée de terre sèche.

On compte par hectare :

À la distance de 1^m,74	3,304 pieds	
id.	1^m,60	3,934 —
id.	1^m,85	4,762 —

Donc, suivant la méthode que l'on adopte et le piquetage plus ou moins distancé, il faut en moyenne de 8,000 à 13,000 plants par hectare[1].

CHAPITRE X.

Des Perches.

Pour cultiver le Houblon en massif, il est nécessaire de donner des soutiens le long desquels ses tiges peuvent s'élever en l'air ; par là on fournit à cette plante grimpante le moyen de se développer suivant sa nature et de produire beaucoup de fruits. Ce but, on l'atteint par le moyen de longues perches assez fortes pour pouvoir supporter jusqu'à la récolte tout le poids produit par le développement des tiges, des branches, des feuilles et des fleurs. Plus les perches sont longues, plus le produit est bon et abondant. Les meilleurs cônes se trouvent au sommet. Lorsque les sarments débordent les perches, la portion non soutenue penche vers la terre, et se trouve privée de l'influence de l'air et de la lumière; les cônes deviennent légers, pauvres en lupuline, et prennent une teinte étiolée. Une plantation à perches courtes prouve toujours des vues étroites de la part du planteur. Qu'on ne s'imagine pas qu'il faille des perches plus courtes dans les plantations peu espacées, c'est précisément le contraire; car, dans ce cas, les plantes ont besoin de plus d'air par en haut. En plantant serré avec des perches courtes, on sera toujours loin d'obtenir les mêmes résultats qu'en donnant de longues perches à une plantation convenablement espacée.

(1) Bien entendu que ces nombres ne sont pas rigoureux; car il n'est pas toujours possible de diviser une pièce de terre avec une exactitude tout à fait mathématique. TRADUCTEUR.

On a vu des contrées où le Houblon se cultive depuis long-temps, mais en lignes serrées et avec des perches courtes, rester sans acquérir aucune réputation, tandis que d'autres, où l'on a suivi un système tout opposé, ont réussi en peu de temps à écouler leurs produits dans des pays même qui les avaient devancées dans cette culture.

Bref, le meilleur Houblon est produit par les houblon-nières à lignes bien espacées et à longues perches.

Les perches doivent avoir 10 à 12 mètres de longueur; même il vaut mieux les prendre plus longues que plus courtes. En plantant serré, il faut des perches d'au moins $8^m,30$, et, en mettant beaucoup d'espace, il en faut tou-jours de 12 mètres. Comme point de départ, on peut ad-mettre sur chaque espace de 82 millimètres carrés donné au pied de Houblon, 30 centimètres de longueur pour la perche. L'épaisseur des perches doit se trouver en rapport avec leur longueur, c'est-à-dire de 71 à 84 millimètres à leur base. Les meilleures essences pour cet usage sont le mé-lèze et le sapin rouge. On peut également se servir du sa-pin blanc, du pin sylvestre, de l'anne, des saules et du peuplier; mais ces espèces ne donnent pas des perches aussi durables et aussi solides. Cependant, lorsqu'on est dans le cas de faire venir de loin et à des prix élevés les bois résineux, on peut économiser dans les frais de pre-mier établissement en plantant à cet effet des bois blancs sur les bords des rivières, des ruisseaux et des lacs.

Les perches doivent, autant que possible, être droites et bien élancées. Il faut en faire sa provision à temps, afin de les avoir prêtes lorsque le moment est arrivé. On les taille en pointe carrée, à 15 ou 30 centimètres, au moyen d'une cognée; puis, avec un couteau de charron, on éga-lise bien les tranches. La partie mise en terre étant exposée à pourrir, on en carbonise légèrement la surface. Il est toujours nécessaire de les écorcer, afin que les insectes ne puissent pas s'y nicher et les ronger. Par là encore le bois sèche plus vite, et devient plus durable. Marquer les perches est une bonne précaution à cause des vols. On peut y laisser les petits bouts des branches, ils procurent un bon appui aux sarments.

Jusqu'ici beaucoup de planteurs n'ont placé de longues perches qu'à la seconde année, se bornant la première année à de petits échalas provisoires. Ceci est d'un mauvais calcul. D'abord on augmente ses frais inutilement; puis avec de petits échalas l'on ne peut guère compter sur un produit de Houblon vierge, la plante ne portant fruit qu'à la condition de pouvoir s'élever suffisamment en l'air.

En plaçant de suite des perches longues, on économise l'achat des échalas provisoires; et en donnant à la houblonnière des soins convenables, dès la première année on peut obtenir par hectare 1 1/2 jusqu'à 3 quintaux métriques et davantage, valant 300 à 600 fr. dans une année favorable, produit qui n'est nullement à dédaigner.

Si, à la première année, on voulait se passer de perches tout à fait, il serait impossible de donner les soins nécessaires à la houblonnière : les sarments traîneraient par terre, les mauvaises herbes et les surgeons du Houblon prendraient le dessus. Personne ne voudra soutenir sérieusement qu'à la première année les perches nuisent aux plantes en excitant trop leur développement par en haut, et que ce développement a pour conséquence d'affaiblir les racines et de rendre les souches maladives. Il est certain que le développement de la racine se trouve toujours en rapport avec celui de la tige. Lorsque le climat, l'exposition, le sol et la température sont défavorables à la plante, les racines aussi bien que les tiges ne prennent que fort peu d'accroissement, et alors aucune perche n'y fait. Ainsi, loin d'être nuisibles la première année, les longues perches sont, au contraire, fort utiles. Outre le produit en Houblon vierge, on a encore l'avantage de pouvoir, dès cette époque, reconnaître le degré de force de chaque pied, la variété de son produit, et de suite corriger ce qui manque. Les pieds qui donnent du Houblon dès la première année seront en général les plus productifs et les plus vigoureux les années suivantes. Les pieds faibles dès le principe rattrappent rarement les autres, quoi qu'on fasse.

Le placement des perches peut être opéré, par un temps sec, immédiatement après la plantation. Dans les houblonnières déjà établies, on y procède immédiatement après le châtrage des souches. En tout cas, il n'est pas convenable d'attendre que les sarments aient 30 cent. de longueur ; car on pourrait facilement les casser ou les endommager. Avant de placer les perches il faut préparer les trous destinés à les recevoir. A cet effet, on se sert d'un *avant-pieu* en fer, long de 1^m,50, d'un poids de 12 kilomètres environ, muni à sa base d'une massue pointue et carrée, longue de 38 cent., ayant 8 centimètres de diamètre à sa plus forte épaisseur. Le manche a 1^m,24 de longueur, sur une épaisseur de 34 millim., et se termine en bouton.

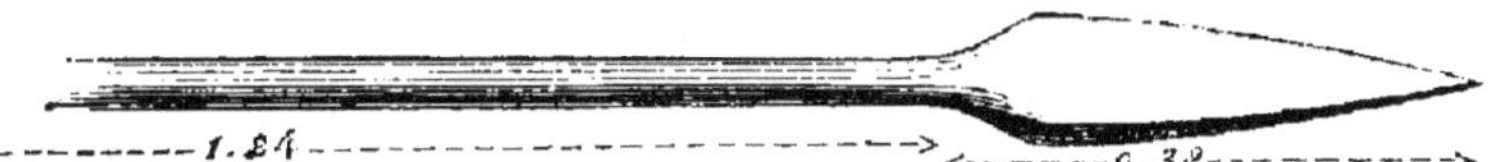

Fig. 5. — Avant-pieu.

Les trous doivent être établis à la distance de 30 cent. du plant, vers le côté d'où viennent ordinairement les vents les plus impétueux. Suivant la longueur des perches, on donne aux trous 45 à 60 cent. de profondeur. Pour les creuser, on enfonce l'avant-pieu, puis on le tourne en tous sens en pesant dessus. On ne fait qu'un seul trou par pied. En plaçant les perches vers la direction des vents, elles ne peuvent pas déraciner les pieds ou déchirer les sarments par leur chute, si elles devaient être renversées par un ouragan, ce qui arrive quelquefois. Même en pratiquant les trous, il est bon de se servir du cordeau, afin de maintenir la régularité dans la plantation.

On facilitera le travail en plaçant les perches des deux côtés de la houblonnière, ou aussi en les faisant passer par un manœuvre à celui qui est chargé de les placer.

Il est important de piquer les perches de manière qu'elles soient bien droites. Ceux qui sont chargés de les placer les empoignent à environ 30 cent. au-dessus de la taille en pointe, les soulèvent bien perpendiculairement, et les enfoncent avec force. Si l'on n'a pas réussi une première fois à fixer une perche bien solidement, on la retire, et on la repique avec un nouvel effort. Après le placement, on piétine bien la terre tout autour. Il y a des planteurs qui mettent les perches en ligne oblique, inclinées vers le vent ; ils pensent que par là elles présentent plus de résistance aux tempêtes ; mais la ligne perpendiculaire est préférable. En les mettant en ligne oblique, elles se courbent facilement, et alors les sarments de différents pieds se touchent et s'entrelacent. On aura toujours soin de rejeter les perches endommagées ou qui ne présentent pas toutes les garanties nécessaires de solidité. Si les vents en cassent dans une houblonnière déjà assez avancée pour que les sarments ne puissent plus être déroulés, on donne une seconde perche à 30 cent. de distance de celle qui est cassée, et on y attache la partie de sarment restée sans appui. Si une perche casse tout près de terre, on la retaille en pointe, et on la replace dans le trou duquel on a extrait le tronçon cassé.

Le nombre des perches dépend de la quantité de pieds plantés. On ne donne qu'une seule perche par pied; toutes les autres méthodes sont vicieuses. Dans quelques contrées on a conservé la coutume de placer plusieurs perches par pied; mais il en résulte plusieurs inconvénients : on augmente inutilement les frais et le travail, puis ce surcroît de perches projette plus d'ombre sur la houblonnière, et entrave l'influence de l'air, ce qui en diminue le produit, bien loin de l'augmenter; enfin il est toujours difficile de prévoir à l'avance quels sont les pieds qui peuvent supporter plus d'une perche. Il est tout aussi vicieux de ne placer qu'une seule perche pour deux à trois pieds. Souvent il arrive que plusieurs pieds voisins ne mûrissent pas leur fruit en même temps; alors, avec cette méthode, il faut faire la récolte en deux fois, ce qui est pénible et peu avantageux, ou l'on risque de mélanger du houblon vert avec du houblon mûr.

Il faut compter par hectare de 3,304 à 4,762 perches. On aura toujours soin d'en avoir une petite réserve, afin de pouvoir remplacer celles qui sont mises hors de service, souvent dès la première année. Jusqu'ici les perches n'ont pu être remplacées par aucun autre moyen. On a bien essayé des ficelles, du fil de fer, des cerceaux, etc., mais toujours sans résultat satisfaisant [1].

(1) La plante ayant une tendance naturelle à s'élever en ligne verticale, et l'usage du fil de fer exigeant qu'on la conduise en ligne horizontale, il est naturel que dans cette direction forcée elle souffre

CHAPITRE XI.

Premier labour.

Lorsque le temps est favorable, par une chaleur humide, les plants poussent dix à douze jours après la mise en terre. Dès que ces pousses ont atteint 15 à 30 cent., on procède au premier labour, afin d'ameublir le sol, de le rendre accessible à l'influence de l'air, et de détruire les plantes adventices. Cette opération se fait en avril ou mai, suivant la température; à cet effet on se sert d'un hoyau ordinaire.

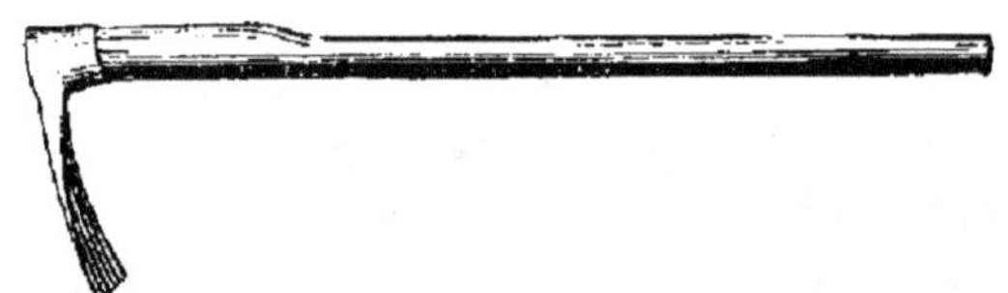

Fig. 4. — Hoyau ordinaire.

On ouvre le sol à une profondeur de 8 cent. environ; on ramasse de suite les mauvaises herbes; on les secone pour en ôter la terre, et on les met en tas; puis on les transporte sur l'aire à fumier pour en faire du compost ou un engrais quelconque. Pendant cette opération on ramasse la terre autour des fosses, et on en comble celles qui ne le sont pas encore. On peut bien alors mettre un peu de terre au pied des sarments qui ont 30 cent. de longueur et

dans son développement. Matthieu de Dombasle a beaucoup vanté le fil de fer, dont il s'est servi à Roville; j'ai vu des houblonnières établies d'après son exemple, mais avec des résultats tellement mauvais qu'on a été forcé de revenir aux perches. TRADUCTEUR.

au-dessus ; mais il ne faut pas encore songer à les butter.
Que l'on prenne bien garde de blesser les souches ou les
jeunes pousses ; celles-ci sont bien délicates. Par contre,
on fera bien de détruire avec soin les surgeons qui se mon-
trent dans les houblonnières anciennes.

Il y a d'autres méthodes pour effectuer ce premier labour ; cette opération varie naturellement suivant les contrées, l'exposition et le sol.

Dans les terres fortes, tenaces, on façonne le sol en billons peu élevés, en suivant les lignes transversales ; au
second labour ces billons reçoivent plus d'élévation, de
manière qu'il se forme un sillon chaque fois entre deux
lignes. Si l'on a planté sur crête, une partie de la terre
des crêtes est tirée dans la ligne vers les plants, de manière
qu'entre les plants la crête perd la moitié de sa hauteur.
C'est ainsi que cela se pratique, par exemple, à Auscha,
en Bohême. A Saaz et à Falkenau, on établit des buttes
plus ou moins élevées autour des pieds, buttes qui (à Falkenau) s'élèvent, par trois façons successives, jusqu'à
$0^m,45$.

La première année, l'espace entre les rangées peut être
utilisé pour d'autres cultures, par exemple des choux,
des oignons, de l'ail, des radis, des haricots nains, de
l'œillette, des navets, des citrouilles, etc. ; mais ces plantes
doivent toujours se trouver à 60 cent. des pieds de Houblon.

Dans les années suivantes, ces cultures doivent être sup-
primées. Même à la première année, cette pratique n'est
pas applicable à toutes les houblonnières ; car elles épui-
sent toujours un peu le sol, et empêchent le développement des racines du Houblon. Des plantes qui ont plus
de 60 cent. de hauteur doivent être évitées ; on ne peut les
planter qu'aux extrémités de la houblonnière.

CHAPITRE XII.

Accolage.

Dès que les pousses sont plus longues que les distances entre les pieds et les perches, c'est-à-dire dès qu'elles ont 45 cent. environ, il faut les attacher pour faciliter leur développement vertical (*fig.* 5). Cet accolage se fait avec de la paille humide, des joncs, etc.

Le nombre des sarments à attacher varie suivant la vigueur des souches et le plus ou le moins d'espacement des pieds. En Bohème, à Auscha, on attache deux sarments, trois à Saaz, quatre à Falkenau ; à Schwetzingen on n'en accole qu'un seul ; trois en Franconie et en Bavière ; dans le Wurtemberg, à Hohenheim, trois ; à Rottenbourg, deux, trois, quatre.

Avec des ruelles étroites, il suffit d'attacher un seul sarment ; par un espacement de 1^m,60 à 1^m,74, on peut en accoler trois ou quatre.

On choisit toujours les sarments les plus beaux et les plus longs, et on enlève ceux qui sont noueux et branchus. Outre les sarments que l'on accole à la perche, on en laisse toujours flotter deux comme réserve en cas d'accident. Plus tard, si l'on n'en a pas besoin, on les supprime comme les autres rejetons inutiles.

Dès qu'il fait humide, les sarments sont très cassants ; l'accolage ne doit donc se faire que par un temps chaud et sec, et jamais pendant ou immédiatement après la pluie, ni par la rosée du matin ou du soir. La tige volubile du Houblon se dirigeant de gauche à droite, en suivant le cours du soleil, il est important de l'attacher en conséquence. Les liens se placent au-dessous des nœuds de la

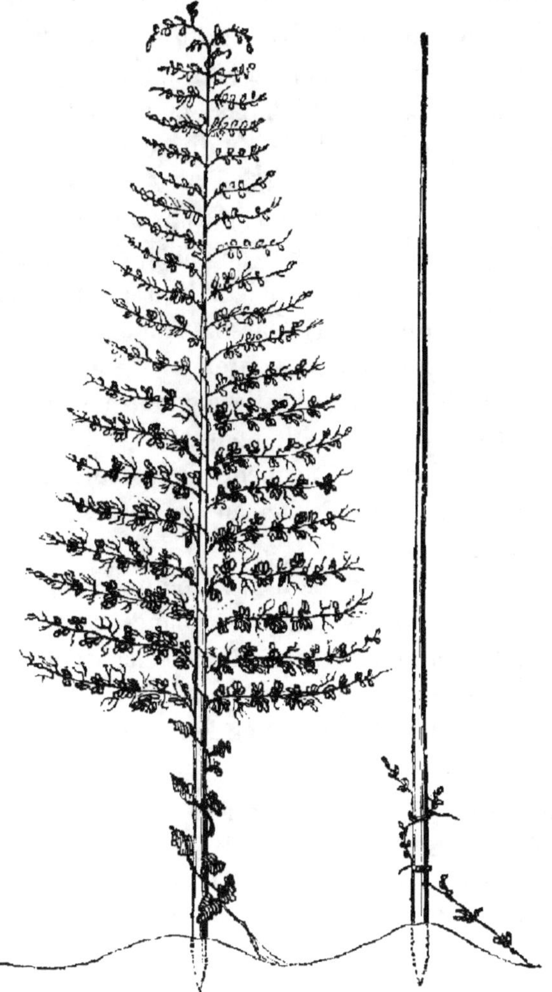

Fig. 5. — Accolage des pousses du Houblon.

tige ; il ne faut pas trop les serrer ; cependant ils doivent
tenir assez pour que les sarments ne puissent pas s'échap-

per. Qu'on évite avec soin de tirer, de presser ou d'écraser les sarments. En les serrant trop avec le lien on entrave la circulation de la séve ; ils forment des courbures, et finissent par casser. Lorsqu'on s'aperçoit que les sarments d'un pied sont trop faibles pour pouvoir grimper jusqu'au bout de la perche, on y dirige de plus forts d'un pied voisin, et on les y attache.

Fig. 6 — Lien.

Comme nous l'avons dit, pour cet accolage on se sert de paille, de joncs, etc. On en prend un à deux brins pour chaque lien, que l'on fixe par une simple torsion, comme l'indique la figure.

Fermer les liens par un nœud, etc., cela exige plus de temps, et ces liens entravent le développement en grosseur. Ceux appliqués comme ci-dessus cèdent, au contraire, à mesure que le sarment grossit.

On continue l'accolage à mesure que les tiges s'allongent, de manière à ne jamais les abandonner à elles-mêmes. Finalement, on a recours à une échelle double. Après chaque tempête, chaque coup de vent un peu fort, on a soin de visiter ses plantations et de rattacher les sarments devenus libres.

Négliger l'accolage, c'est s'exposer à de grandes pertes. Les sarments qui flottent au gré du vent se cassent ou se penchent, s'entortillent entre eux, et forment des touffes dans lesquelles il ne se produit que des fruits étiolés.

CHAPITRE XIII.

Rognure.

Par l'enlèvement des branches et des feuilles inférieures, la tige s'élance mieux, devient plus forte et plus productive. En supprimant cette opération, la houblonnière ne tarderait pas à se former en massif touffu, à tiges courtes et ne produisant que peu ou point de cônes.

On procède à la rognure dès que les sarments produisent des branches latérales, et l'on pince celles-ci aussi haut que l'on peut atteindre. Cependant dans les plantations serrées (à 1^m,45) on a recours à une échelle, et l'on rogne jusqu'à une hauteur de 3 mètres à 3^m.50.

Pour rogner ces branches il n'est pas besoin d'attendre qu'elles aient atteint une certaine longueur ; au contraire, plus elles sont longues, plus elles font perdre de séve à la plante. Lorsque les pampres sont déjà un peu forts, il s'écoule beaucoup de séve de la blessure produite par la rognure ; néanmoins on ne les ménage pas.

L'essentiel dans cette opération est de ne pas endommager le sarment par cet épamprement ; donc, au lieu d'arracher les branches, il sera plus convenable de les pincer à 6 ou 7 millimètres avec les ongles ou de les couper avec un couteau.

Avec la rognure on n'a presque jamais fini. Lorsqu'on est arrivé au bout d'une houblonnière on peut hardiment recommencer. En général, une plantation doit être visitée au moins une fois, mais plutôt deux ou trois fois par semaine, même lorsque tous les autres travaux y sont terminés ; car plus vite les branches sont rognées, mieux cela vaut. On fera toujours bien, dans ces tournées, de se munir de liens ; car il y a presque toujours à rattacher.

La *rognure des pampres* doit continuer jusqu'à la maturité des fruits.

La *rognure des feuilles* n'arrive que lorsque celles-ci commencent à se faner ; elle se fait peu à peu jusqu'à la mi-juillet (vers l'époque de la maturité) et jusqu'à une hauteur de 2 mètres en plantation ordinaire et de $2^m,50$ à $3^m,50$ en plantation serrée. Il est nuisible de pincer les feuilles trop tôt et pendant qu'elles sont encore vertes ; si cependant elles devaient noircir par suite d'une maladie il ne faut pas hésiter à les enlever.

Les pampres et les feuilles qui ont bonne couleur peuvent être utilisés comme fourrage pour le bétail ; celles qui sont couvertes de rosée farineuse, de rouille, etc., peuvent être employées, dans la houblonnière même, comme récolte enfouie ou pour la fabrication du compost.

CHAPITRE XIV.

Second labour et buttage.

Le second labour ou binage a pour but de rameublir le sol qui a été tassé par la pluie et le piétinement des ouvriers et de détruire les mauvaises herbes et les surgeons qui ont repoussé depuis le premier labour. Lorsque le sol est fortement tassé et enherbé, le second labour se fait plus tôt, et le buttage ne vient qu'après : ordinairement on donne ce labour vers la fin juin ou au commencement de juillet. A cet effet on se sert d'un hoyau (*fig.* 7).

Fig. 7. — Hoyau propre au buttage.

Avec cet instrument on ouvre le sol à une profondeur de 54 millim. et l'on rejette les mauvaises herbes comme il est indiqué ci-dessus. En labourant plus tard (vers la mi-juillet) on butte en même temps, c'est-à-dire on rassemble la terre de 60 à 90 cent. autour des pieds et on l'entasse; par là on procure plus de nourriture aux sarments, et la terre se conserve plus humide.

Généralement en terre légère le second labour et le buttage se font en même temps; en terre forte et tenace la dernière de ces deux opérations ne se fait que quinze jours après la première.

Si le terrain est très fort, on se sert d'une houe ordinaire (*fig.* 8); la houe précédente, étant trop courbée vers le manche, pénètre moins facilement en terre.

Fig. 8. — Houe ordinaire.

Si le sol a été façonné en crêtes, ce qui convient surtout aux terres fortes et humides, on exhausse ces crêtes en binant, ou l'on couvre les pieds avec de la terre qu'on leur enlève. Ce dernier procédé est usité à Auscha, en

Bohême, au commencement de juillet. Un mois plus tard (fin juillet) on entame entre les rangées la terre restante des crêtes ; alors ces dernières disparaissent, et cette terre se trouve amoncelée autour des pieds.

Ainsi à Saaz comme à Falkenau on butte en même temps qu'on bine.

En Bavière, notamment en Franconie, à cette même époque on rehausse les billons. A Hohenheim on opère de même. A Rottenbourg on butte plus ou moins, suivant la nature du sol.

Pendant le binage et le buttage il importe surtout de faire bien attention pour que les souches et les sarments ne reçoivent aucune blessure. A cette époque de la saison un sarment cassé ne peut plus être remplacé ; en eût-on même de réserve qu'il serait trop tard pour lui faire porter fruit.

CHAPITRE XV.

Maladies, ennemis et accidents ; moyens de les éviter ou d'y remédier.

Dès que l'une ou l'autre des différentes conditions nécessaires à la prospérité d'une houblonnière viendra à faire défaut, celle-ci sera souffrante et exposée à différentes maladies.

Le Houblon trouve des ennemis dangereux dans un grand nombre d'animaux, principalement de la classe des insectes, qui se nourrissent de ses racines, de ses feuilles, de ses branches et de ses fleurs, ou qui, par la masse des excréments qu'ils y déposent, entravent le développement de ses organes.

Enfin, les vents forts, la grêle, les inondations, etc., peuvent produire des accidents tout à fait désastreux dans les houblonnières.

1. *Maladies.*

Elles peuvent provenir d'un changement subit de température, d'une humidité continue, d'une sécheresse trop prolongée, de nuits trop froides, de vents rudes après des journées tièdes, des gelées, des brouillards, etc. : tout cela sont des causes susceptibles d'entraver la circulation de la sève et de porter le désordre dans les fonctions vitales de la plante.

Un végétal d'une croissance aussi vigoureuse et aussi rapide que le Houblon, qui produit en si peu de temps ces longs sarments, cette masse de branches et de feuilles, a surtout besoin de pouvoir exécuter librement et sans entraves ses actes de nutrition, d'assimilation et d'excrétion : le moindre trouble dans l'une de ces fonctions doit nécessairement amener des maladies.

Pendant les mois de juin et de juillet il se fait dans cette plante une production et un mouvement extraordinaires de séve, et si alors le temps devient défavorable, il arrive des moments d'arrêt qui produisent à la surface de la plante un enduit visqueux et sucré sur lequel viennent se nicher des masses de pucerons.

Ce mal peut provenir d'une influence particulière du sol, de l'humidité, d'une fumure donnée mal à propos, etc., ou il peut être aggravé par ces causes. Quoi qu'il en soit, les insectes, attirés par cette exsudation, se multiplient à l'infini, la plante tombe dans une espèce de marasme et finit par donner naissance à une végétation parasite plus ou moins semblable à la moisissure. Ces divers états reçoivent diverses dénominations : *miélat, rosée farineuse, noir, rouille, blanc.* La *jaunisse* et le *chancre* ont quelque analogie avec ces altérations.

Le *miélat* ou la *miellée* se forme lorsque plusieurs journées chaudes et humides sont suivies d'un abaissement subit de température ; alors les pores des feuilles laissent suinter une liqueur douce qui par l'évaporation se condense en une matière visqueuse.

Souvent cette matière se dessèche, et les feuilles, parfois déjà en partie décomposées, se couvrent d'une poussière blanche : c'est là ce qu'on appelle *rosée farineuse.*

Lorsque cette rosée farineuse persiste pendant quelque temps et qu'elle est accompagnée de pucerons, elle finit par attaquer tout le tissu des feuilles, et il se forme ce qu'on appelle le *noir* ou la *suie.* Dans cette altération les feuilles se recoquillent, deviennent noirâtres, puis rougeâtres ; elles se dessèchent et sont comme trouées ; elle ne manque jamais de faire invasion lorsque le temps reste défavorable de la mi-juillet à la mi-août.

La grande quantité de pucerons attirés par le miélat a encore pour inconvénient d'augmenter la sécrétion de la plante par la succion de ces insectes ; l'état de langueur qui s'ensuit se trouve aggravé par le manque de respiration provenant de l'enduit qui obstrue les pores. Bien que les pucerons disparaissent à la seconde période du miélat, la plante n'en est pas sauvée pour cela. Si le temps continue à être frais et humide, il se forme sur les feuilles des bosselures très visibles qui produisent un petit champignon parasite. Cette altération est fort nuisible, même mortelle très souvent ; elle accompagne ordinairement le *noir.*

Les houblonnières les plus exposées au miélat et à son

cortége sont celles qui occupent les lieux bas, humides, dont la plantation est trop serrée, autour desquelles des obstacles s'opposent à la libre circulation de l'air, puis celles que l'on fume avec du purin au printemps et même en été.

Les expositions élevées, aérées, un espacement suffisant, une fumure convenable pendant l'hiver, avec du compost, du fumier décomposé ou du purin fermenté, tels sont les moyens pour éviter ce mal; mais une fois qu'il a fait invasion dans une plantation il ne reste plus qu'à enlever au plus vite les feuilles et les branches attaquées. Si alors il survient une bonne pluie chaude suivie de beau temps, les plantes peuvent reprendre leur croissance rapide et le mal peut se réparer.

La *rouille* est due aux mêmes causes. Les feuilles et les cônes prennent une couleur de fer rouillé; il s'y développe également de petits champignons parasites qui arrêtent leur croissance et rongent leurs tissus. Lorsque ces parasites prennent le dessus, il n'y a plus de récolte à espérer.

Le *blanc* aussi n'est autre chose qu'une végétation parasite semblable à la moisissure; il nuit surtout en attaquant les cônes et les queues des écailles qu'il recouvre sous forme d'une farine. Ce mal provient également d'une situation trop basse, d'un manque d'air, d'un sol trop tenace, d'un excès d'engrais, d'un air humide et chaud par un temps calme, des brouillards pendant la floraison et la formation de la lupuline. C'est dans les plantations serrées et closes que le *blanc*, lorsqu'il fait humide, exerce le plus souvent ses ravages; mais il sévit avec le plus d'intensité dans les plantations serrées à courtes perches, dans lesquelles les sarments se touchent par en haut, s'entortillent et forment des touffes inaccessibles à l'air et au soleil.

On évitera cette altération en plantant en exposition élevée, avec espacement convenable, des perches d'une longueur suffisante, rognure jusqu'à une hauteur de deux mètres et plus, s'il le faut, puis en évitant, au printemps et en été, toute fumure avec fumier non consommé ou purin non fermenté.

Dès que le blanc a fait invasion, il faut tailler dans le vif. A cet effet on supprimera une rangée sur trois, celle du milieu, qu'on récoltera tout de suite, si cela en vaut la peine ; alors on aura soin de hâter la cueillette et la dessication en séchoir chauffé, si le temps n'est pas très sec ; autrement ce *moisi* continuerait à faire des progrès sur le produit récolté.

La *jaunisse* est également due à un excès d'humidité du sol ou de l'atmosphère pendant les années pluvieuses. Les plantes prennent une teinte jaune et étiolée, puis elles meurent. Des billons élevés, des fossés profonds autour des plantations, des rigoles pour l'écoulement des eaux en excès, enfin tous les moyens d'assainissement servent à parer à cette altération. Si dès les premiers symptômes on parvient à assainir avant que les racines aient trop souffert, les plantes peuvent encore se remettre[1].

Les altérations ci-dessus ont généralement pour cause un excès d'humidité, un manque de lumière, d'air et d'influence électrique ; un excès de ces trois derniers agents de la nature peut également produire des accidents, surtout à l'époque de la maturation. Dans ce cas se trouve la *brûlure*.

[1] On pourrait probablement employer avec succès le sulfate de fer en dissolution très étendue. TRADUCTION.

On sait par des expériences positives que le poids de l'eau évaporée journellement par toute la superficie de la plante surpasse le poids de la plante elle-même, que par cette évaporation la séve devient plus dense et qu'il se forme ensuite différents principes immédiats, tels que le sucre, la gomme, les résines, les huiles volatiles, etc. Donc s'il survient une sécheresse continue, de fortes chaleurs, des vents secs qui enlèvent la rosée et l'humidité de la terre, les forces vitales de la plante se trouvent plus ou moins surexcitées ou aussi entravées, et l'épaississement de la séve arrive jusqu'à produire un état maladif, ce qui est à craindre surtout vers l'époque de la maturité. Les feuilles, les sarments et les cônes deviennent rouges et se dessèchent. Ce mal commence par le sommet de la plante, et souvent continue ses ravages jusqu'à la base; les feuilles, les sarments et les cônes deviennent rouges et se dessèchent, et il peut arriver que les plantes les plus vigoureuses périssent en peu de temps, surtout s'il y a fréquemment des orages violents et qu'à travers leurs nuages le soleil darde des rayons brûlants. L'effet produit ressemble pour ainsi dire à une combustion qui détruit toutes les parties atteintes.

La brûlure est plus rare que le noir et la rouille; elle ne se manifeste que dans les années tout à fait sèches. Comme il est plus facile d'arroser que d'enlever un excès d'humidité, la brûlure est moins à craindre que les altérations précédentes.

Dès que par une sécheresse continue, de fortes chaleurs, etc., les plantes perdent leur fraîcheur et leur couleur verte pour prendre une teinte jaune ou rouge, en commençant par les sommets, il ne faut pas tarder à les arroser, le matin de bonne heure et le soir, avec de l'eau pure ou du purin délayé d'eau. On fera bien aussi de bassiner les pieds depuis leurs sommités ; dans tous les cas il est nécessaire de continuer à donner de l'eau jusqu'à ce que les plantes aient entièrement repris, ce qui doit arriver au bout de trois ou quatre jours. Si l'on rogne plus haut qu'à l'ordinaire, il faut moins d'humidité aux plantes. Si les cônes commencent à être roussis, s'il s'y présente des insectes nuisibles, la mouche verte par exemple, alors il est temps de songer à la récolte.

Il nous reste à mentionner le *chancre*, l'*étranglement* et la *stérilité*.

Le *chancre* provient de blessures faites aux plantes par les insectes, les souris, les rats, etc.; il peut également avoir pour origine des engrais trop caustiques, comme le purin frais, etc.

Lorsque la souche est rongée et tachée, on peut conclure à la présence du chancre ; ce mal a pour suite la faiblesse et la stérilité.

Pour y remédier on aura soin de bien visiter les souches lors du châtrage et de retrancher toutes les parties endommagées ; puis on fera bien de donner une bonne fumure et d'ameublir le sol, afin d'imprimer une nouvelle vigueur à la végétation. Dans les houblonnières déjà anciennes, il n'est pas convenable de remplacer, par de jeunes plantes, les pieds détruits par le chancre ; le plus court, dans ce cas, c'est de provigner.

L'*étranglement* n'atteint d'ordinaire que les sarments les plus vigoureux et provient d'un accolage vicieux. Lorsque les tiges sont mal attachées, elles se recourbent, se tordent, se blessent ; lorsque les liens sont trop serrés, les sarments se trouvent gênés dans leur développement.

ce qui les endommage plus ou moins. Dans tous les cas il se forme un bourrelet à la partie lésée, et cette difformité empêche la croissance de la plante et la production des fruits. La grêle peut également produire cet effet.

Un accolage bien soigné préviendra presque toujours cet accident. Lorsque le mal est fait, on pince toutes les feuilles et pampres inutiles qui se trouvent autour du bourrelet; mais si l'étranglement est trop considérable, il ne reste plus qu'à couper au-dessous du bourrelet et à attacher une ou deux branches latérales des plus fortes.

La *stérilité* peut avoir pour cause un châtrage vicieux, trop vif ou trop tardif, un sol mal approprié ou une faiblesse quelconque du pied. En soignant bien le châtrage, en préparant, ameublissant, assainissant, fumant bien le sol, on n'aura guère à craindre cette altération. Les jeunes plants par lesquels on remplace les pieds manquants dans les vieilles houblonnières sont fréquemment frappés de stérilité.

2. *Animaux nuisibles.*

Les *altises* ou *puces de terre* sont les ennemis les plus dangereux des jeunes pousses; elles rongent tout, feuilles et sarments, et lorsque par une cause quelconque, un châtrage vicieux, un temps défavorable, la végétation est lente, ces insectes ont le temps de tout ravager.

Saupoudrer les plantes avec du plâtre, des cendres, de la chaux, les arroser de purin étendu d'eau, tels sont les moyens employés jusqu'ici, autant pour éloigner les altises que pour imprimer aux sarments une végétation plus vigoureuse; car les altises ne peuvent plus nuire aux sarments qui ont atteint une certaine force. C'est pour ce motif que les plantes ne courent aucun danger par un temps humide et chaud.

Le *ver blanc* (*larve du hanneton*). — La femelle du hanneton recherchant de préférence, pour déposer ses œufs, les terres bien ameublies, les houblonnières doivent nécessairement lui offrir de l'attrait.

Le ver blanc ronge les racines, ce qui peut produire le chancre et même la mort de la plante. Le fumier frais attire toujours ces insectes, qui y trouvent un abri et de la nourriture ; il est donc convenable, lorsqu'on a à lutter contre ce fléau, de donner toujours la préférence au compost mêlé de plâtre, ce dernier étant déjà par lui-même contraire aux insectes.

En châtrant et labourant les houblonnières, il faut toujours bien visiter les souches pour voir si elles ne sont pas rongées, puis ramasser soigneusement tous les vers blancs que l'on trouve, les écraser ou les tuer par l'eau bouillante.

Certains agronomes prétendent qu'en plantant dans les allées de la salade, du chou-navet, etc., les vers blancs, attirés par ces végétaux plus tendres, restent inoffensifs pour les racines du Houblon ; mais d'autres croient que, par ce moyen, on ne fait qu'attirer dans la houblonnière les insectes des champs voisins. Quoi qu'il en soit, ces cultures ne peuvent qu'appauvrir le sol aux dépens du Houblon ; donc ce moyen n'est guère praticable, d'autant plus qu'il n'est rien moins que certain que ces plantes mettent les racines du Houblon à l'abri des ravages du ver blanc.

Le meilleur moyen à opposer à la multiplication des vers blancs, c'est la destruction des hannetons. Il serait de la plus haute importance d'étendre à ces insectes les mesures de police qui existent sur l'échenillage,

La *courtillière, courterole, taupe-grillon*. — Cet insecte aime beaucoup les jardins et les houblonnières ; il se nourrit de racines, et se niche de préférence dans les terres bien fumées, où les racines deviennent plus tendres et plus succulentes.

En déchaussant les souches pour le châtrage et en labourant, il faut avoir soin de recueillir et de détruire les courtillières et leurs œufs. Chaque insecte en pond près de trois cents dans un terrier.

L'odeur du pétrole et celle de la houille chassent la courtillière ; pour s'en débarrasser on a souvent recours à la houille en poudre que l'on mélange avec la terre. Un moyen de les attraper consiste à pratiquer des trous qu'on remplit avec du fumier de cheval ; elles s'y rassemblent, et sont faciles à prendre. On peut aussi enterrer à fleur de terre des pots remplis d'eau, à la surface de laquelle on met une couche de balles de grains ; les insectes s'y trouvent pris. Leurs œufs se détruisent le mieux avec de la lessive.

Les *limaces* et les *limaçons* ou *escargots* sont fréquents surtout dans les années humides, et nuisent beaucoup aux houblonnières en mangeant les feuilles et les sarments, et en les couvrant d'un enduit visqueux.

On les détruit en saupoudrant les jeunes plantes avec de la chaux en poudre, des cendres, du plâtre, du sulfate de fer ou vitriol vert. Ce dernier les tue sur-le-champ.

En posant çà et là de petites bottes de paille mouillée ou de brindilles, les limaces et escargots s'y rassemblent, et il est facile, le matin, de les ramasser et de les détruire. On peut aussi les recueillir et les donner à manger aux porcs.

Ces mollusques recherchent de préférence les lieux humides et ombragés; ainsi les houblonnières bien aérées et bien exposées au soleil ont peu à en souffrir.

Les *fourmis*. — Elles nuisent en rongeant les jeunes pousses, les feuilles et les fleurs, lorsqu'elles sont attirées par le miélat et les sécrétions sucrées des pucerons. Il est à regretter qu'elles ne détruisent pas ces derniers.

On les éloigne au moyen de l'huile de poisson, de la saumure de harengs, des cendres, etc.

La *phalène du Houblon*. — C'est la larve ou chenille de ce papillon qui attaque et ronge les racines, fait tomber la plante dans un état de langueur et finit par la faire périr.

Le mâle de ce papillon nocturne est blanc, la femelle est jaune avec des taches d'un jaune-rouge. Elle pond ses œufs à proximité des racines dans les plantations de Houblon ou de pommes de terre, la chenille y éclot, et on la rencontre depuis le mois d'août jusqu'au printemps. Elle est jaunâtre, avec des points noirs, sans poils. La chrysalide ou nymphe se trouve en terre, dans un cocon entremêlé de grains de sable.

Des cendres, du fumier de porc, etc., donnés aux pieds de Houblon au printemps, détruisent cette chenille ou la chassent. Dans les différentes façons que l'on donne à la houblonnière, il est important de recueillir ces chenilles et leurs nymphes et de les brûler.

Il y a encore d'autres chenilles qui rongent les feuilles et les jeunes sarments, et qui, par conséquent, sont plus ou moins nuisibles dans les houblonnières. On peut les éloigner ou les détruire en saupoudrant les plantes avec des cendres, du plâtre ou de la chaux vive.

Plusieurs *mouches* figurent parmi les ennemis du Houblon.

La *petite mouche ovale* à dos noir luisant. — Il y en a deux variétés, l'une à ailes d'un blanc-gris, l'autre à ailes d'un rouge de cinabre. Ces mouches agissent à la manière des altises; pourtant elles font moins de dommage. Une pluie chaude, qui imprime une nouvelle vigueur à la végétation, peut facilement réparer le mal qu'elles ont fait.

La *mouche verte à ailes longues* apparaît au commencement de juin par un temps sec et froid continu ; elle détruit les jeunes feuilles.

La *mouche verte à longues pattes* arrive plus tard pour piquer les fleurs et les cônes, ce qui empêche les fruits de se développer.

Les *guêpes* nuisent également aux cônes par leurs piqûres, puis elles en sucent l'huile volatile et font tomber les écailles des cônes.

La mouche verte à ailes longues se trouve ordinairement accompagnée d'une *araignée rouge* qui perce les bourgeons et les feuilles tendres ; mais ses dégâts sont sans importance.

Les *pucerons* (*aphis*). — Ces insectes, comme nous l'avons vu, se trouvent en relation intime avec le miélat ; leur rôle de destruction dans les houblonnières est souvent fort considérable.

Dans ce genre, on distingue surtout le *puceron du Houblon* (*Aphis humuli*, Lin.).

Cette espèce a un abdomen très développé, terminé par deux tuyaux raides qui laissent suinter une liqueur mielleuse ; son suçoir est recourbé ; ses antennes sont comme deux soies avec sept articulations. Les mâles sont plus petits que les femelles ; ils ont presque toujours quatre ailes redressées et transparentes. Parfois les femelles sont également ailées. Ces ailes restent même après les mues.

Les pucerons se mettent sur les jeunes pousses, les feuilles, etc.; souvent ils sont tellement nombreux que toutes ces parties s'en trouvent couvertes. Pendant qu'ils sucent les plantes, il s'écoule constamment des deux tuyaux de l'abdomen, peut-être aussi de l'anus, une liqueur douce qui, avec le suc visqueux dont est couverte la plante, s'appelle miélat. Cette action destructive continue fait recoquiller les feuilles, dessécher les branches, et finalement périr les plantes.

Les femelles des pucerons présentent à un haut degré le phénomène si remarquable de pouvoir se propager par plusieurs générations sans avoir été fécondées de nouveau. Leur multiplication est prodigieuse : une femelle peut produire dix générations vivipares et une ovipare. La génération de chaque femelle est de cent ; elles se succèdent de dix jours en dix jours. Ainsi la première génération étant de cent individus, la seconde est déjà de dix mille, la troisième d'un million, la quatrième de cent millions, la cinquième de dix milliards et la neuvième d'un quintillion, etc. En y ajoutant les générations ovipares de chaque individu, on arriverait à un résultat au moins trente fois plus fort, et toute cette énorme multiplication se fait dans une saison !

Pendant l'été, il n'y a que des femelles qui naissent vivantes ; à l'automne seulement arrive la naissance des mâles chargés de féconder les femelles. L'acte de la copulation doit durer un quart d'heure. Les femelles fécondées se dispersent pour faire leur ponte ; elles déposent leurs œufs isolément sur les feuilles, les branches et même sur les bourgeons. Au printemps, ces œufs éclosent et ne produisent que des femelles, qui de nouveau sont vivipares et ne donnent la vie qu'à des individus de leur sexe. Les femelles du printemps sont plus fortes et plus fécondes que celles qui leur succèdent. Il paraît qu'elles s'affaiblissent de génération en génération, et, sans une nouvelle fécondation et le repos de l'hiver, elles finiraient par cesser de se reproduire.

Une multiplication plus ou moins rapide des pucerons annonce toujours un temps défavorable pour le Houblon. En effet si, dès la mi-juin, il y a des alternances fréquentes de température, si un temps froid et humide est entrecoupé d'heures ou de journées chaudes, les plantes sont arrêtées dans leur développement; il y a extravasion de séve. Dans ces conditions, les pucerons sortent de leurs œufs et viennent en masse s'abattre sur les plantes déjà recouvertes de ce suc mielleux, sur les feuilles déjà perforées par d'autres causes, ce qui leur fournit une nourriture abondante. A ce liquide visqueux, qui déjà obstrue les pores des plantes, ils joignent leur propre secrétion; et, comme en même temps ils se rassemblent toujours en essaims compactes, la plante ainsi atteinte se trouve gênée dans une de ses fonctions les plus importantes, la respiration. De là son dépérissement et l'une des altérations les plus dangereuses, le *noir*. (Voir ci-dessus.)

Si les pucerons sont des ennemis dangereux pour les plantes, à leur tour ils ont des ennemis nombreux qui en font leur proie.

Parmi ces ennemis se trouvent principalement ces petits coléoptères qu'on appelle *chrysomèles* et *coccinelles*, les insectes parfaits comme leurs larves. Bien que ces insectes aussi rongent les plantes, que leur présence prolongée les fasse souffrir, ils n'en sont pas moins utiles, parce qu'ils se nourrissent principalement de pucerons.

Des ennemis plus dangereux encore pour les pucerons,

ce sont les larves des *hémérobes*, appelées vulgairement *lions des pucerons* ou *demoiselles terrestres*. L'insecte parfait pond ses œufs de préférence sur les plantes habitées par les pucerons ; les larves qui en éclosent ont une croissance très rapide, et, par leur grande voracité, elles détruisent des quantités prodigieuses de pucerons. La femelle de l'hémérobe fixe chacun de ses œufs sur une petite tige assez solide, à peu près de 25 millimètres de longueur. Ainsi l'on rencontre souvent sur les feuilles ou les tiges des collections de ces œufs qui font l'effet de touffes de petits champignons[1].

On connaît des moyens fort énergiques pour détruire les pucerons ; mais il est difficile de les appliquer en grand. On mêle, par exemple, du savon noir, de la potasse, de la chaux vive et de l'huile de lin (à peu près par parties égales) ; on délaie avec suffisante quantité d'eau pour faire un enduit que l'on étend avec un pinceau.

Ce qui vaudra mieux peut-être sera de saupoudrer les feuilles de Houblon avec du plâtre calciné, des cendres, du tan, de la poussière des routes, etc. Les feuilles inférieures des sarments doivent toujours être enlevées et détruites ; car il pourrait s'y trouver de la progéniture.

Les plantations nouvelles trouvent un ennemi très dangereux dans une larve d'insecte semblable à celle du charançon (ver du blé) : c'est un *ver blanc avec une tête*

---

(1) Nous croyons devoir ajouter ici l'*ichneumon des pucerons* (*Ichneumon aphidum*, Lin. — *Blattlaus-Schlupfwespe*), qui ne pond ses œufs que dans le corps même des pucerons, dont se nourrissent les larves qui en éclosent. Lorsqu'on détruit les pucerons, on devrait toujours ménager avec soin ceux qui sont morts, qui ont perdu leur couleur et qui paraissent gonflés, afin de ne pas anéantir en même temps les larves de cet ichneumon, qui est un auxiliaire si utile pour l'homme. TRADUCTEUR.

noire, de 12 millimètres environ. Il ronge les jeunes bourgeons des plants, qui alors restent sans pousses.

Lorsqu'on s'aperçoit de ce fléau, il est ordinairement trop tard. Il importe donc de le prévenir. A cet effet, il sera fort utile de faire tremper les plants avant leur mise en terre, comme nous l'avons dit plus haut, dans un mélange de purin pourri, de sel et de salpêtre, de les saupoudrer ensuite de chaux vive en poudre. Par ce moyen, on détruira les œufs de ce ver attachés aux plants, tout en donnant à ceux-ci un engrais utile.

Les *souris* et les *rats* sont nuisibles aux houblonnières en rongeant leurs racines, ce qui souvent donne naissance au chancre. Par le fumier frais de paille longue, on risque toujours d'y introduire de ces animaux ; il convient donc de ne pas se servir de ce fumier.

On connaît les nombreux procédés à employer pour la destruction des rats et des sourris : des pots remplis d'eau avec des balles de grains enterrés à fleur de terre, des piéges, de la fumée de soufre et de chiffons soufflée dans leurs souterrains, des boulettes empoisonnées, etc.

Divers oiseaux grands et petits peuvent nuire au Houblon. Les *autours*, les *corbeaux*, les *choucas*, les *pies* et d'autres oiseaux plus petits perchent dans les houblonnières, becquettent les bouts des sarments, s'y posent même et les cassent.

On les éloigne avec les épouvantails connus, ou aussi en les tirant avec des armes à feu.

3. *Accidents des houblonnières.*

Ils proviennent ordinairement des inondations, de la grêle, des tempêtes, etc.

Dès qu'une houblonnière se trouve inondée, on cherche

à en faire écouler l'eau aussi vite que possible ; on recouvre de terre les souches déchaussées, et on comble les bas-fonds qui se sont produits. Les terrains exposés à des inondations fréquentes ont besoin d'être façonnés en bil-lons ; à la partie la plus basse on aura soin de pratiquer des fossés destinés à recueillir la terre végétale enlevée.

Si une grêle arrive de bonne heure, lorsque les sar-ments sont encore très petits, on coupe tout bonnement ceux qui se trouvent endommagés. Si le dégât a lieu plus tard, lorsque les tiges sont déjà élevées, et que les fleurs sont sur le point d'éclore, on les taille au-dessous de la partie cassée et en rattache une ou deux branches laté-rales des plus fortes.

Une tempête, un ouragan peut renverser les perches, déchirer, casser les sarments et leurs branches, et causer de bien grands dommages. Après chaque coup de vent impétueux, on aura soin de visiter ses plantations pour réparer les vimaires. Lorsqu'une perche est cassée, on la rempointe, comme nous l'avons dit, et on la remet en place. De celles qui sont brisées au milieu ou par le haut, on cherche à relier les pièces, ou on les remplace par des perches nouvelles ; et, si cela ne peut se faire, on accole les sarments à une perche voisine.

CHAPITRE XVI.

Récolte du Houblon.

L'époque de la maturité du Houblon dépend beaucoup de l'exposition, du terrain, de la température de l'année et des soins donnés à la plantation. Mais ordinairement le Houblon précoce est mûr dans la seconde quinzaine d'août, et le Houblon tardif au commencement de septembre, c'est-à-dire dix à quinze jours après le premier.

Il est d'une grande importance de bien saisir le point de maturité. Le Houblon non suffisamment mûr manque de corps, il est maigre et faible ; les cônes trop mûrs prennent une couleur roussâtre, s'écaillent, et la lupuline se perd. Ainsi, l'un et l'autre de ces points extrêmes conduit à des pertes inévitables, en ne donnant qu'un produit peu marchand. Si dans une contrée houblonnière l'on s'obstinait à récolter trop tôt pendant plusieurs années de suite, on la ferait à coup sûr tomber en discrédit.

Voici les signes auxquels on peut reconnaître la *véritable maturité* du Houblon : couleur jaune des cônes et de la poussière qu'ils renferment ; les cônes sont fermés, denses ; ils exsudent une huile volatile qui les rend gras au toucher, visqueux entre les doigts ; ils dégagent une odeur agréable, forte, aromatique ; en les écrasant sur la main, celle-ci se trouve colorée en jaune. Les variétés dont la couleur naturelle est blanche ou blanchâtre doivent présenter tous les autres de ces caractères avant d'être récoltées. Vers l'époque de la maturité, les feuilles, les sarments et les pampres des pieds sains prennent une teinte jaunâtre ou d'un vert clair.

La *récolte* doit se faire par un temps sec et beau, principalement au milieu de la journée ; les cônes ne doivent pas être humectés par la rosée ou la pluie. Le Houblon rentré humide s'échauffe facilement en tas, se dessèche lentement, perd sa couleur et son odeur, ce qui le déprécie tout à fait. Lorsqu'il fait un temps très sec, qu'il n'y a qu'un peu de rosée qui s'évapore immédiatement, on peut procéder à la récolte dès huit heures du matin, et continuer jusqu'à six heures du soir. Par un temps pareil, la maturité marche vite, et l'on fera bien de se presser ; alors, il s'agira de disposer de beaucoup de bras, et de rentrer tous les jours autant que ces bras pourront en arracher dans la journée. Dans ce cas, la dessication se fait très rapidement. Lorsqu'il fait un temps humide, pluvieux, il ne faut récolter qu'à la dernière extrémité ; aussi longtemps qu'il est sur pied, le Houblon court moins de risques qu'au grenier, où il peut noircir et perdre ses qualités. Néanmoins, si l'on est forcé de récolter dans ces circonstances, faute d'espoir d'un temps plus favorable, on aura soin de ne rentrer que peu à la fois, pas plus que l'on ne pourra dessécher facilement.

Le moment de la récolte arrivé, on coupe les sarments à 2 mètres environ au-dessus de terre, on enlève les liens, et on extrait les perches au moyen de l'*arrache-Houblon* (*fig.* 9) pour les poser sur un *chevalet* (*fig.* 10) préparé à cet effet. Cette opération a besoin d'être faite avec beaucoup de précaution, car on pourrait casser des branches, faire tomber des cônes, ou perdre de la lupuline. Suivant que les sarments sont plus ou moins entrelacés, on les coupe par pièces de 30 à 60 centim. de longueur, et on les lie en bottes, qui se composeront chacune des sarments de trois à quatre perches. Il peut arriver que les sarments de quelques pieds voisins s'entremêlent ; dans ce cas, il ne faut pas les séparer en les déchirant ; on pourrait perdre

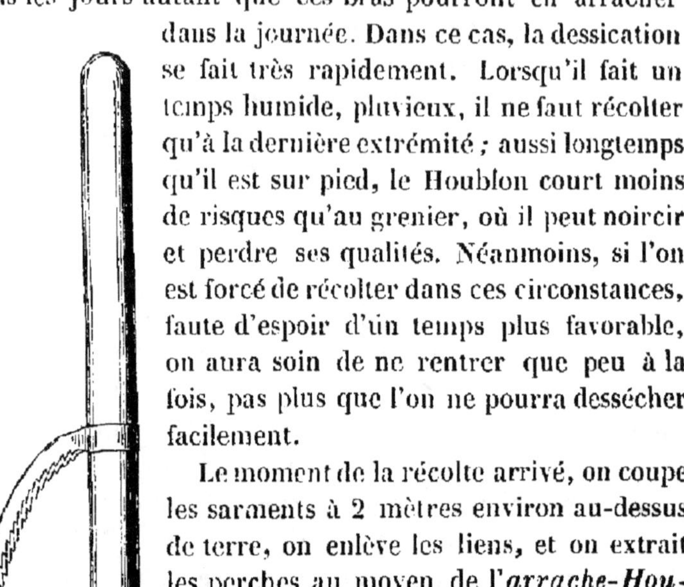

Fig. 9.
Arrache-Houblon.

des cônes; mieux vaut les démêler ou, au besoin, les couper par morceaux. Les perches unies et sans aspérités sont faciles à dépouiller; néanmoins le mieux sera toujours, pour ménager les cônes, de détacher les sarments par tronçons de 60 cent. environ. Après avoir enlevé les perches, il importe encore de conserver les trous pour l'année suivante, de ne pas les combler avec de la terre; à cet effet, on roule en pelote la partie restante des sarments de chaque pied, et avec cette pelote on bouche le trou de chaque perche extraite.

Pour la récolte, il faut toujours au moins deux ouvriers. L'un coupe les sarments, enlève les perches, et les pose sur le chevalet; l'autre, détache les sarments, les forme

Fig. 10. — Chevalet.

en bottes, et dépose les perches à la place même, ou aux deux côtés de la houblonnière. Si l'on peut disposer d'un personnel plus nombreux, le travail se divisera davantage.

Quelque précaution que l'on prenne, il y aura toujours des cônes qui tomberont par terre ; il faudra les recueillir avec soin.

Une fois rentrées, ces bottes de Houblon doivent être déliées et posées l'une à côté de l'autre sur un plancher. Si d'un jour à l'autre il reste quelques bottes non épluchées, on les pose, peu ou point serrées, dans un endroit humide, dans la cave, sur des planches. Mises sur des dalles, et fortement liées, elles s'échauffent très vite.

Il est bon que les sarments soient coupés par brindilles courtes, afin que les ouvriers chargés de la cueillette puissent mieux se les distribuer. Dans cette opération, il ne faut pas trop presser les cônes entre les mains ; ils doivent être détachés par pincement avec les ongles des doigts, et chaque cône doit conserver une queue de 7 à 14 millimètres au plus.

Les ouvriers étant ordinairement payés par panier, on en a d'une contenance donnée, dans lesquels on laisse tomber les cônes [1]. Les paniers pleins doivent être évacués immédiatement dans le séchoir. Entasser le Houblon dans les paniers peut lui devenir nuisible ; car, dès qu'il reste pendant quelque temps entassé en masse compacte, il s'échauffe et perd de ses qualités. Il faut beaucoup de propreté et de soin pendant la cueillette ; les cônes doivent se trouver sans aucun mélange de feuilles ou de tiges.

La cueillette peut se faire dans la houblonnière même, si le temps est beau et que le séchoir n'en est pas trop éloigné ; mais dans ce cas, il faut beaucoup de bras, afin de pouvoir marcher rapidement.

(1) En Alsace, on paye ordinairement 10 c. par panier contenant deux doubles décalitres. Cela revient à peu près au prix payé dans le Wurtemberg. TRADUCTEUR.

On procède ainsi. On dispose deux chevalets sous lesquels on étend une grande toile relevée par les quatre côtés; sur ces chevalets on pose les perches; les ouvriers se placent des deux côtés, cueillent les cônes et les laissent tomber sur la toile. Les sarments dépouillés sont détachés des perches et mis en tas; on peut s'en servir comme de combustible ou en faire du compost.

On fait aussi la cueillette dehors, de la même manière qu'on la fait à la maison; les paniers remplis de cônes sont chargés sur une voiture et conduits au séchoir. Cette méthode ne présente aucun avantage, les frais étant les mêmes, et elle a l'inconvénient d'un plus fort piétinement du sol; puis, s'il arrive un orage, une pluie inattendue, le travail se trouve interrompu avec des pertes inévitables.

Pour la cueillette, on n'emploie que des femmes et des enfants que l'on trouve toujours en nombre suffisant; ici ces derniers peuvent rendre autant de services que les adultes.

Si les cônes ne mûrissent pas tous ensemble et qu'il n'y ait qu'une trentaine d'acres à récolter, la besogne peut se faire peu à peu, et en y consacrant tous les jours quelques heures seulement, avec deux ouvriers et dix à quinze enfants pour la cueillette. Mais si la houblonnière est plantée de variétés qui mûrissent en même temps, il faut aller vite, et employer un personnel double.

On commence toujours par les pieds les plus mûrs et on passe aux autres au fur et à mesure qu'ils mûrissent, à moins qu'une récolte générale ne soit commandée par des circonstances impérieuses, des altérations, un mauvais temps, etc. Mais en tout cas, plus la maturité est régulière et uniforme lors de la récolte, plus le produit sera beau, ce qui importe beaucoup pour le placement; car les marchands savent profiter des moindres défauts, afin d'acheter à plus bas prix. Ainsi des queues trop longues, des cônes mal épluchés, des débris de feuilles, tiges, etc., font perdre au Houblon de ses qualités marchandes.

CHAPITRE XVII.

Dessiccation et conservation.

Quels que soient les soins que l'on ait pu donner à l'établissement et à l'aménagement d'une houblonnière, on ne doit compter sur aucun bénéfice, tant qu'on ne sera pas parvenu à dessécher convenablement ses produits.

On sait que les plantes séchées au soleil perdent beaucoup plus de leurs forces et de leur odeur que celles que l'on fait sécher à l'ombre ; que, si la dessiccation se fait plus rapidement au soleil, elle est néanmoins incomplète. A l'ombre, elle est lente, il est vrai, mais elle se fait mieux. Il y a des plantes riches en huiles volatiles, qui perdraient toute leur valeur si on les faisait sécher au soleil, et qu'il faut absolument faire dessécher à l'ombre si on veut les conserver avec leurs propriétés.

Les pharmaciens mettent les plus grands soins à opérer à l'abri du soleil la dessiccation des plantes médicinales. Il est certain que le Houblon doit être traité de même ; car ses qualités dépendent principalement de son odeur, qui est due à une huile résineuse plus ou moins volatile. Un Houblon privé de son arome ne vaut rien pour la brasserie. Ainsi les Houblons séchés au soleil, les Houblons faibles et légers, ou ceux qui sont éventés, ne trouvent jamais d'acheteurs qu'à de bas prix, et parmi les marchands de mauvaise foi, qui, par le soufrage et les mélanges, ne s'en servent que pour tromper les brasseurs maladroits.

Il y a différentes méthodes pour opérer le séchage.

En Bohême, on sèche le Houblon sur des greniers élevés, construits en bauge et munis de soupiraux : on l'é-
tend en couche mince, tout au plus à l'épaisseur de deux
cônes, en se ménageant des allées latérales pour le passage ;
puis, tous les jours, on remue avec un râteau ou une longue gaule. Lorsqu'il fait chaud et sec, on ouvre les soupiraux pendant le jour ; par un temps humide, on les laisse
fermés. Si la température est favorable, les cônes sont secs
au bout de deux ou trois jours. Cette siccité se reconnaît par le bruit qu'il produit quand on le remue, et qui
ressemble à celui que font les rognures de papier ; puis les
écailles des cônes sont ouvertes. Arrivé à cet état, on l'entasse davantage, à 30 cent. d'épaisseur d'abord, puis, à
60 cent., et, après deux ou trois jours, on le met en tas qu'il
importe de remuer deux fois par jour et d'examiner souvent pour voir s'ils ne s'échauffent pas ; car, ce cas arrivant,
il faut disperser sur le champ. Moins on a d'espace, plus on
est forcé de faire les tas épais ; mais alors il faut redou-
bler de surveillance et remuer trois à quatre fois par jour.
La dessiccation est-elle complète, on rassemble toute la
quantité en tas de 1 mètre à 1^m,30 ; on couvre de bâches
afin d'empêcher la volatilisation des parties aromatiques.
Le Houblon reste ainsi au grenier jusqu'à la vente, parfois
pendant tout l'hiver, les brasseurs et les marchands bohê-
mes étant habitués à n'acheter que du Houblon non ensaché.

En Angleterre, on se sert de tourailles sur lesquelles on
fait sécher ou plutôt torréfier le Houblon. Ces tourailles
sont chauffées légèrement, et maintenues dans une température égale ; les cônes y sont étendus à une épaisseur de
15 cent. environ, et remués de temps en temps. Dès que les
queues deviennent cassantes, on regarde les cônes comme
secs, ce qui doit arriver au bout de huit heures et même

plus tôt ; alors on les retire des tourailles ; on met en tas
pendant trois ou quatre jours sur un plancher, mais avec
la précaution d'examiner souvent l'intérieur des tas, et de
les disperser dès qu'ils s'échauffent. Le but principal de la
mise en tas après le séchage est de laisser reprendre un
peu d'humidité aux cônes, afin qu'ils ne s'émiettent pas
pendant l'ensachement et le pressage. Les ballots se mettent
en magasin, à l'ombre, jusqu'à l'expédition.

Dans les Pays-Bas, le Hanovre, le duché de Brunswick
etc., on opère de même. Dans ces contrées, il y en a aussi
qui font sécher sur du sable chaud, ou en tourailles chauffées à la fumée ; mais ces procédés, rendant le Houblon
impur, ne méritent pas d'être imités.

La méthode la plus usitée, surtout en Bavière, dans le
Wurtemberg et le grand-duché de Bade, est celle qui consiste à opérer le séchage dans des greniers planchéiés ou
sur des châssis ou des claies disposés pour cela. Les cadres
de ces châssis ont 1 mètre de largeur sur une longueur de
2 mètres, et les lattes dont on les confectionne reçoivent
une hauteur de 54 à 70 millimètres. Le fond consiste en
filets de chanvre (*fig. 11*), en toile, en vannerie tressée à

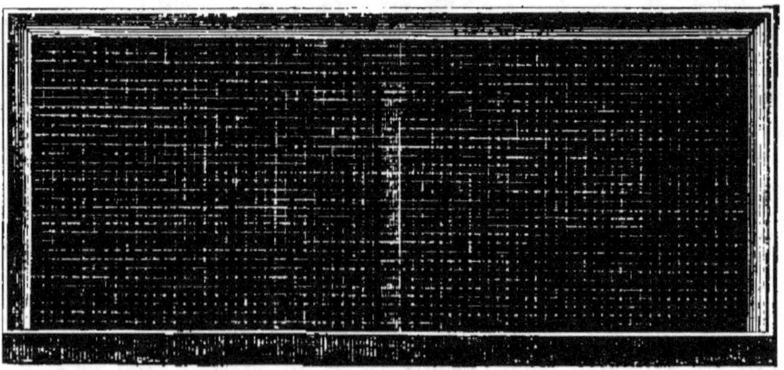

Fig. 11 — Châssis en filet.

la façon des tamis (*fig.* 12), ou aussi en petites planchettes

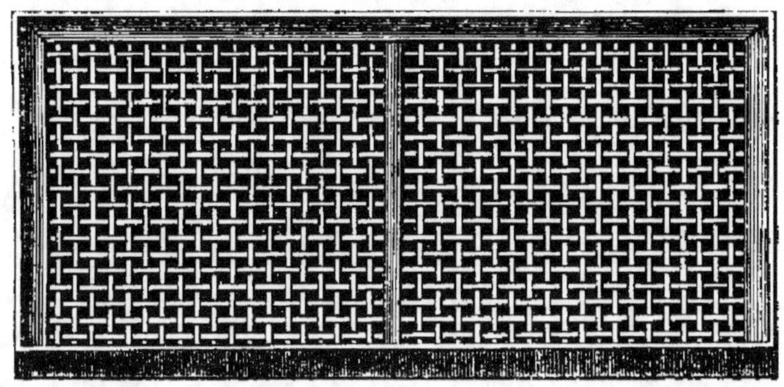

Fig. 12. — Châssis en vannerie tressée comme les tamis.

minces (*fig.* 13) placées à 0^m.04 ou 0^m.06 l'une de l'au-

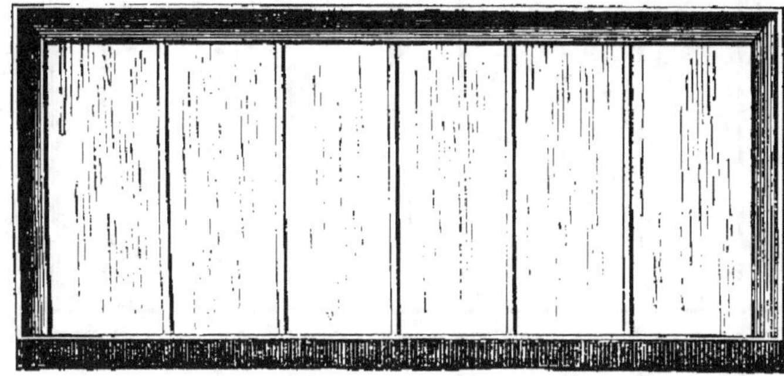

Fig. 13. — Châssis en planchettes.

tre, afin que les cônes ne puissent passer en travers; ce fond est fixé avec des clous à la partie inférieure du cadre en lattes. La meilleure matière pour cela c'est le filet; la toile n'est pas aussi bonne. Les châssis sont placés, comme les tablettes d'une bibliothèque, l'un au-dessus de l'autre, sur des supports disposés pour cela, faits avec des

lattes ou des baguettes (par exemple des rames de haricots) réunies ensemble (*fig.* 14); ils peuvent monter jus-

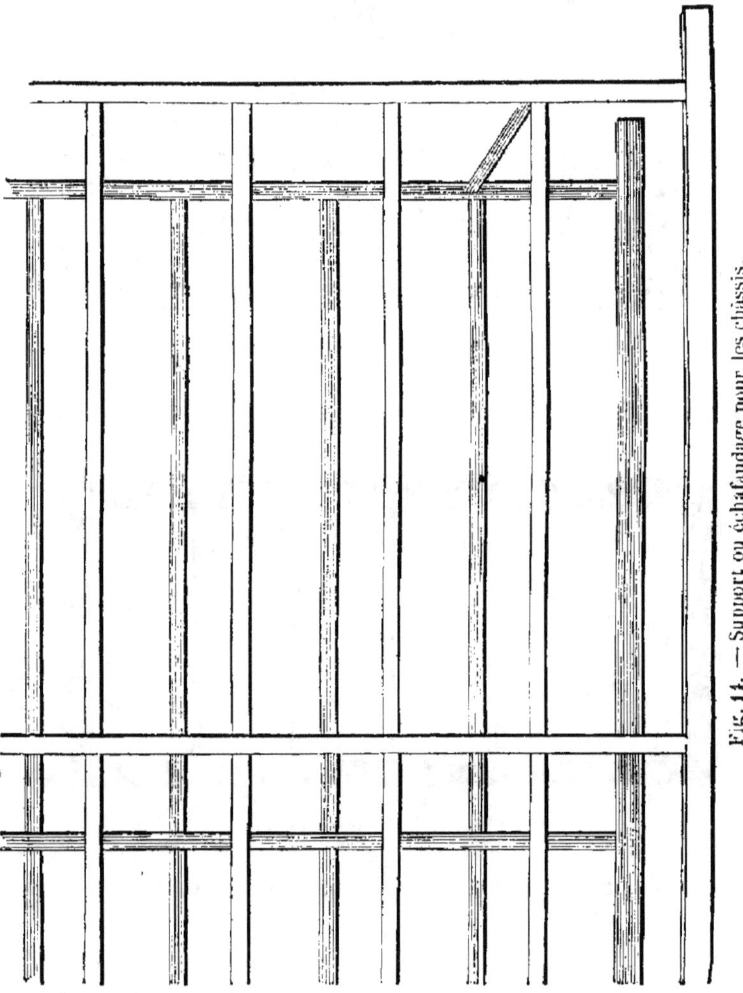

Fig. 14. — Support ou échafaudage pour les châssis.

qu'au comble du grenier ; seulement il faut ménager un
espace de 30 cent., ou plutôt de 60 cent. de l'un à l'autre; on

les entre et les sort à volonté comme des tiroirs. De cette manière on peut quintupler, même décupler l'espace d'un grenier. Pour les châssis élevés on a recours, au besoin, à une chaise ou à une petite échelle.

Un point important, ce sont des ouvertures en nombre suffisant, que l'on peut fermer pendant la nuit ou lorsqu'il fait un temps humide.

Avant de passer à la dessiccation, on aura soin de bien nettoyer les planchers et les châssis, de faire réparer la toiture pour empêcher le passage des eaux de pluie, etc. En général, on ne peut jamais apporter trop de soins à cette opération, qui est fort délicate. Oubliez une seule fois de fermer les ouvertures la nuit, et le Houblon peut prendre cette teinte rougeâtre qui le déprécie aux yeux de l'acheteur.

Au grenier, les cônes sont étendus en couches fort minces, de manière que l'un se trouve pour ainsi dire à côté de l'autre ; sur châssis on peut faire la couche de l'épaisseur de deux cônes. Matin et soir on remue au grenier, avec le manche d'un râteau ou avec le râteau même, sur châssis, avec la main, mais toujours avec précaution et sans secousse, afin de ne pas faire tomber la poussière jaune. Par une température élevée il faut remuer plus souvent, car les cônes sèchent par en haut et restent frais par en bas, et il est important que la dessiccation se fasse d'une manière égale.

Les cônes sont-ils secs, on les rassemble en couches de 27 millim. environ, celui des planchers comme celui des châssis que l'on vide sur le plancher. Il va sans dire que les châssis, ainsi que tout l'espace devenu vacant, sont remplis de nouveau jusqu'à dessiccation de la récolte ; mais, pour que le Houblon frais ne vienne pas à être mêlé avec le Houblon sec, il est bon de faire sur le plancher des séparations avec des lattes ou autrement.

Tous les jours on rassemble davantage, jusqu'à donner aux tas 30 cent. d'épaisseur, puis chaque jour on remue comme il a déjà été dit. Après huit ou dix jours seulement, ces tas peuvent recevoir une épaisseur de 60 cent. Après une première dessiccation, il reste toujours assez d'humidité pour déterminer la fermentation dans les tas un peu épais ; si alors on y met de la négligence, les cônes prennent une teinte rouge brune ; il se forme une moisissure à leurs bases et sur leurs queues. Mis en tas trop épais qu'on néglige de retourner, ou entassé trop humide, le Houblon peut devenir tout à fait noir jusqu'à la lupuline, et alors il n'y a plus aucun parti à en tirer. Lorsque la dessiccation n'a pas été opérée trop rapidement, le danger est passé ordinairement au bout de huit à dix jours. Par un séchage trop rapide, il arrive souvent que la dessiccation n'est qu'apparente ; les queues peuvent être cassantes, les cônes secs à l'extérieur, mais l'intérieur peut conserver encore de l'humidité. Ainsi le Houblon séché par un temps très chaud a besoin de plus de surveillance que celui séché lentement par une température peu élevée ; le premier fermente beaucoup plus vite que le dernier. Comme il a été dit, la méthode de dessiccation qui mérite la préférence sur toute autre est celle qui s'opère par la seule action de l'air, en greniers bien aérés et surtout sur châssis. S'il fait un temps humide, l'opération est lente, il est vrai ; mais, en ayant soin de fermer toutes les issues du séchoir, les cônes conservent bien couleur et arome. Des séchoirs organisés pour pouvoir être chauffés au besoin, munis de soupiraux et de ventilateurs pour l'évaporation de l'humidité, seront en tous cas les plus utiles (*voir* ch. **XXV**). Par une dessiccation rapide, le Houblon perd plus d'arome que par une dessiccation lente. On a déjà essayé de faire sécher en chambres fermées, sans soupiraux ; mais on s'en est fort mal trouvé : les cônes sont devenus moites et ont pris une teinte roussâtre comme ceux qu'on laisse fermenter en tas [1].

Le procédé des Anglais n'est nullement à recommander, et ne peut être employé que par exception : ou le Houblon séché ainsi est torréfié, ou sa dessiccation n'est que superficielle, et alors il retient encore de l'humidité. Prétendre qu'un Houblon pareil, comprimé en ballot, se conserve pendant cinquante ans, c'est tout bonnement se faire l'écho d'un *puff* anglais. Le Houblon anglais ne peut jamais être vendu à côté du Houblon de Bohême et de l'Allemagne méridionale ; les brasseurs entendus ont toujours préféré ce dernier. D'après les bières anglaises (*strong beer, small beer, porter*, etc.), on ne peut certainement pas avoir une haute opinion des Houblons anglais. Les bières anglaises sont fortes, il est vrai, mais elles sont loin d'avoir ce goût agréable qui caractérise les bières de Bavière, d'Ulm, etc., et qui évidemment est dû en majeure partie à la qualité du Houblon.

Déjà la nuance du Houblon anglais, le plus souvent brune ou rouge-brune, ne recommande pas leur méthode de séchage : cette nuance désagréable provient en partie du séchoir, en partie de la fermentation dans les ballots.

L'*ensachement* du Houblon peut être entrepris dès qu'on est tout à fait sûr de sa dessiccation complète. Pendant

(1) En Alsace, ceux qui plantent sur une certaine échelle ont ordinairement des étuves chauffées au moyen d'un calorifère. Une étuve moyenne peut renfermer 84 châssis de 1 mètre sur 2, contenant chacun 1.500 grammes de Houblon. Il faut 7 à 8 heures pour la dessication. TRADUCTEUR.

que les cônes sont entassés, il faut avoir soin de les visiter souvent, comme nous l'avons dit, et de les disperser dès qu'ils s'échauffent. Lorsque, pendant cinq ou six jours, on n'y a plus remarqué aucune fermentation — ainsi environ quinze jours après leur sortie du séchoir—on peut les considérer comme à point pour être ensachés. Néanmoins cette opération ne doit être faite que par un temps sec; dès que l'air devient humide, le Houblon attire de l'humidité; dans ce cas on peut différer l'ensachement de quatre semaines, mais en ne tenant les tas qu'à une épaisseur de 15 cent. Si une dessiccation est complète pour la mise en ballot, il ne faut pas cependant que les cônes soient cassants au point de s'émietter lorsqu'il s'agit de les comprimer pour leur faire prendre moins d'espace. C'est un autre extrême à éviter, et qui peut déprécier la marchandise aussi bien qu'un excès d'humidité.

Les sacs se confectionnent en toile de chanvre grossière, mais serrée. L'espèce de toile appelée *toile à Houblon* ne vaut rien : son tissu est trop peu serré, ce qui rend trop facile l'accès de l'air ; puis elle est trop lourde, ce qui ne convient pas aux acheteurs, qui souvent achètent sans tare. Ces sacs sont cousus avec de la ficelle ; ont les fait ordinairement d'une contenance de 50 kilogr. Pour cela il faut environ 3^m,60 de toile d'une largeur de 60 centim.; de plus grands ballots sont trop incommodes à manier.

Pour remplir un sac, on commence par le munir à son ouverture d'un cerceau qu'on fixe par quelques points de couture solide ; on le suspend dans un support spécial qui peut être démonté, ou autrement (*fig.* 15) ; on lie les bouts inférieurs du sac, non-seulement pour lui donner une meilleure forme, mais encore pour qu'il soit plus facile à manier. Comme le tissu cède par le poids du Houblon et le

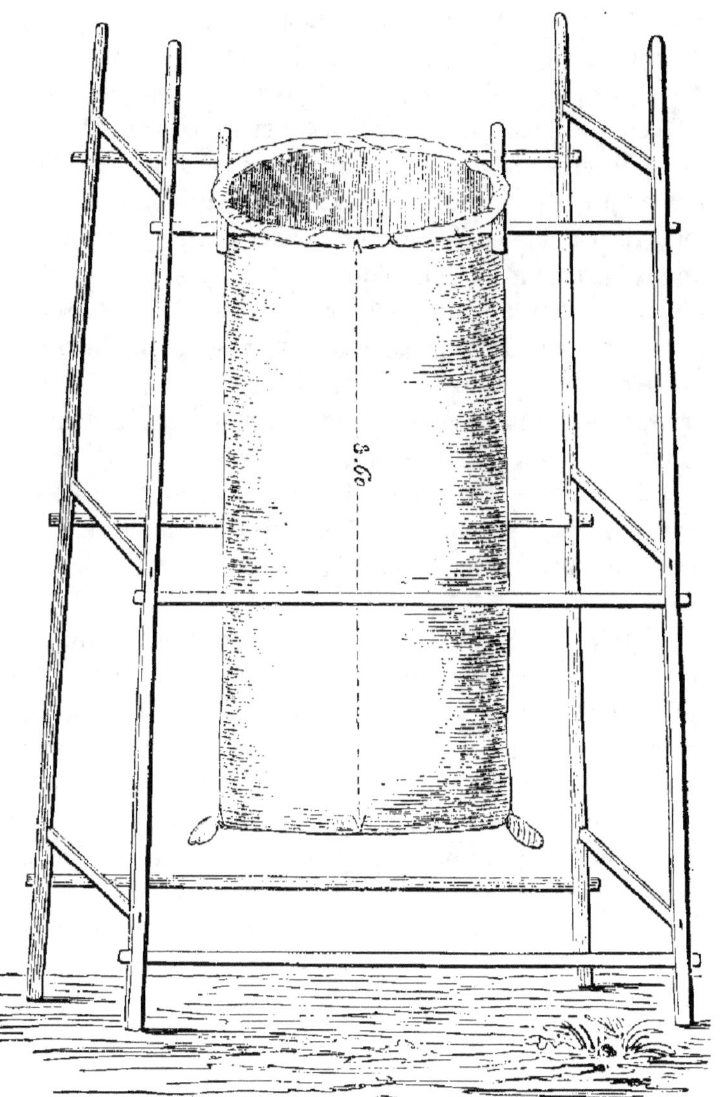

Fig. 15. — Support ou appareil à ensachement.

piétinement, on suspend le sac de manière qu'il soit éloigné à 30 cent. de terre. Tout étant ainsi disposé, on apporte le Houblon dans des paniers que l'on évacue dans le sac; après chaque panier un homme tasse avec ses pieds jusqu'à ce que le sac soit rempli à 30 centim. près. La pression doit être telle qu'il faut une forte secousse pour faire une empreinte au sac rempli. On se sert de la portion de toile restée vide en haut pour fermer le sac; on coud et on lie également les deux bouts. Les ballots, ainsi préparés, se placent dans un lieu sec, aéré et à l'abri du soleil.

Une bonne précaution pour savoir si le Houblon s'échauffe dans l'intérieur des ballots, c'est d'y introduire trois ou quatre baguettes minces et mondées; de temps à autre on les retire pour examiner le bout intérieur : si celui-ci accuse de la chaleur, il faut immédiatement découdre le ballot, éparpiller le Houblon à l'air et le remanier pendant plusieurs jours jusqu'à nouvelle dessiccation complète.

L'emballage ordinaire peut suffire pour une vente prochaine et une expédition à peu de distance. Dans les contrées houblonnières, où il se fait une exportation considérable, on a recours au pressoir pour avoir des ballots plus serrés. A cet effet, on fait confectionner un coffre sans fond, en forts madriers de chêne longs de $1^m,20$, larges de 60 centimètres, et de 45 centimètres de hauteur. Les pièces de ce coffre doivent bien s'ajuster, être solidement reliées avec des boulons et pouvoir facilement se démonter. Le complément de ce coffre est un couvercle également en bois fort, entrant dans le coffre et muni de deux anses en fer qui servent à le retirer. Le coffre étant carré, les sacs devront l'être également, afin de bien s'y ajuster; on ne les coud que jusqu'à la hauteur de 45 centimètres; au dehors du coffre on fixe avec des clous

les quatre laizes non cousues, afin qu'elles ne puissent pas
être entraînées dans le coffre. Le sac encoffré se remplit de
Houblon que l'on tasse avec les pieds d'abord ; puis on ap-
plique un coup de pressoir et on relève le couvercle ; on
remplit les vides qui se sont formés et l'on continue ainsi
jusqu'à ce que le coffre soit plein de Houblon comprimé.
Alors on recouvre toute la surface d'un morceau de toile, on
y rabat les quatre laizes après en avoir retiré les clous, on
coud et l'on retire le ballot après avoir démonté la caisse.
Il est important que les parties du coffre tiennent assez solidement ensemble pour ne pas céder pendant la pression.
On peut se servir au besoin de pressoirs à huile ou à moût.

Un ballot semblable peut contenir environ 75 kilogrammes. Le Houblon s'y conserve pendant cinq ans ;
mais plus tard la lupuline durcit trop et perd sa solu-
bilité.

Les brasseurs et les marchands de Houblon préfèrent
toujours acheter en sacs ou en simples ballots piétinés,
afin de pouvoir vérifier la denrée, ce qui est impossible
pour le Houblon pressé ; car les cônes s'y trouvent défor-
més et en masse trop compacte. Donc on fera bien, avant de
recourir au pressoir, d'attendre que les achats d'automne
soient effectués, qu'on ne prévoie plus de chance de vente
sur place, ce qui arrive ordinairement vers la fin de décembre.

Les acheteurs, en général, n'aiment pas le Houblon
comprimé au pressoir, et il est probable que cet état de
choses ne changera pas de sitôt ; il serait donc infiniment
utile de préparer les ballots *piétinés* de manière à les rendre inaccessibles à l'air. Ce but pourrait être atteint facilement et à peu de frais en collant sur les sacs du papier
d'emballage et les recouvrant de paillassons, ou aussi en

mettant chaque ballot dans un second sac recouvert d'un enduit, à la façon des lits de plume, composé de cire, de résine, de térébenthine et de farine fine de seigle que l'on fait bouillir ensemble avec addition d'eau. Ainsi enfermé, il est certain que le Houblon se conserverait aussi bien et même mieux que par la pression ; en tous cas, il ne perdrait aucune de ses qualités marchandes, et, au bout de deux ou trois ans , il serait difficile à distinguer du Houblon nouveau.

Si l'on voulait suivre ce procédé, il faudrait poser les ballots dans des appartements bien fermés et de manière qu'ils fussent à quelque distance du sol, puis bien boucher toutes les fissures des portes et fenêtres avec des bandes de papier, pour empêcher l'accès de l'air.

CHAPITRE XVIII.

Conservation des perches.

La récolte du Houblon faite, il s'agit de veiller à la conservation des perches. Le mieux pour les garantir de la pluie, du vent et des voleurs, c'est de les mettre sous toit, si toutefois l'on peut disposer d'un bâtiment peu éloigné de la houblonnière. En les déchargeant d'une voiture, il faut prendre garde de les casser. En les empilant, il ne faut jamais les mettre en contact immédiat avec la terre, car les perches de dessous seraient exposées à pourrir. Lorsqu'on n'a pas de bâtiment pour les remiser, on les place en pyramides sur la houblonnière même. A cet effet, on plante debout une forte perche dans l'un des trous existants, à environ 60 centimètres de profondeur ; contre celle-ci on en place quatre autres également fortes, qu'on relie près du sommet deux à deux, au moyen de cordes ou de sarments; elles doivent être posées à distance égale, de

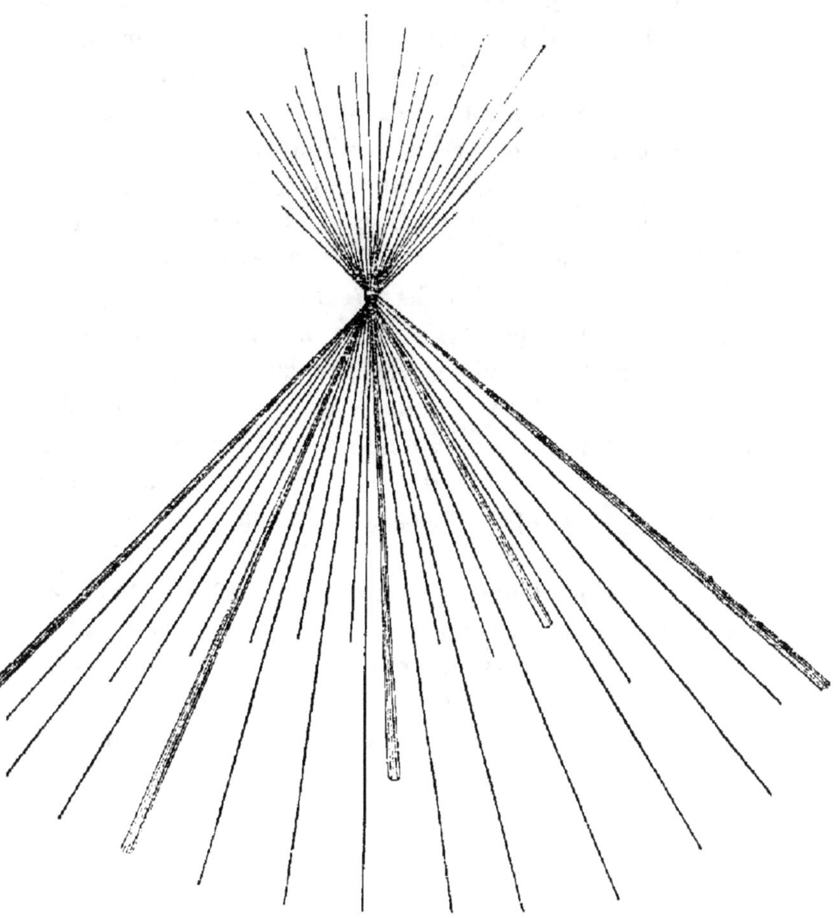

Fig. 16. — Pyramide de perches.

manière à servir de soutien à la perche du milieu, et leur pointe doit être enfoncée en terre à environ 15 centimètres de profondeur. Ces cinq perches forment la carcasse de la pyramide ; les autres se placent simplement autour, en nombre égal de chaque côté (*fig.* 16). Chaque pyramide peut contenir cent à cent cinquante perches ; ainsi chaque hectare peut recevoir trente-trois à quarante-huit pyramides placées à distance égale. Pour l'établissement de ces pyramides, il est à remarquer que la direction des perches doit présenter assez d'obliquité pour avoir une position solide ; moins elles sont obliques, plus les pyramides sont exposées à être renversées par les coups de vent et à être cassées. Établir moins de pyramides et les composer d'un plus grand nombre de perches n'est pas une pratique bien rationnelle. Le fardeau deviendrait trop grand pour la perche du milieu ; elle pourrait casser et la pyramide s'écrouler. Puis il faudrait les transporter à de plus longues distances, à l'automne pour les rassembler, au printemps pour les remettre en place, ce qui entraînerait une perte de temps et occasionnerait un plus fort piétinement du sol.

Il y a des planteurs qui placent des chaînes autour des pyramides : par là ils pensent leur donner plus de solidité et rendre les vols plus difficiles. Mais l'acquisition de ces chaînes est un surcroît de dépenses sans compensation suffisante; puis un objet en fer est plus tentant pour la cupidité des voleurs qu'une perche de Houblon.

CHAPITRE XIX.

Labour d'automne.

Par les différentes opérations qui sont exécutées dans la houblonnière après le binage et le buttage, le sol est plus ou moins tassé par les pieds des ouvriers, les mauvaises herbes ont repoussé ; la terre a donc besoin d'être rompue et ameublie avant l'hiver. La houblonnière est-elle exposée aux inondations : on établit en même temps les rigoles d'écoulement nécessaires, ainsi que des fossés pour rassembler la terre ravinée. En même temps on coupe et on enfouit comme engrais les sarments oubliés par hasard, et l'on recouvre les souches d'une petite butte de terre, pour empêcher l'eau d'y rester stagnante.

Suivant que le temps le permet, ce labour s'exécute depuis fin octobre jusqu'au commencement de décembre. On se sert du hoyau ordinaire comme pour le premier labour.

Cette façon d'automne est absolument indispensable dans les terres fortes ; en l'omettant la végétation s'en ressentirait au printemps suivant. Les terres légères peuvent s'en passer, à moins qu'elles ne soient trop enherbées.

CHAPITRE XX.

Fumage et Engrais.

Le fumage a pour but de donner au sol la fertilité nécessaire pour en tirer des produits abondants, ou aussi de lui rendre des principes fertilisants qui lui ont été soutirés par la végétation. Mais, pour en tirer tout l'effet utile possible, il importe de bien choisir l'engrais le plus approprié à la culture, de bien déterminer la quantité à employer, de bien saisir l'époque la plus favorable au fumage. Fumer mal à propos, à l'excès ou avec des moyens non appropriés, ne peut manquer de devenir nuisible.

Les houblonnières se fument le mieux à l'automne et pendant l'hiver. Quant aux quantités de fumier nécessaires, elles dépendent de la nature du sol et de la disposition de la plantation. Les terres maigres exigent plus de fumier que les terres riches ; aux terres légères et meubles, il faut un compost fort et consistant ; les terres fortes veulent plutôt du fumier d'étable long et pailleux. On peut fumer plus abondamment les plantations bien espacées que les plantations serrées ; à conditions égales d'ailleurs, une fumure trop abondante pourrait être nuisible à ces dernières.

Le fumier d'étable frais ne convient pas au Houblon en général ; il produit facilement des maladies, et entraîne surtout beaucoup d'animaux nuisibles à sa suite.

Généralement on ne fume pas la première année. En sol riche, une fumure serait superflue, même nuisible ; en sol maigre, chaque pied a dû recevoir de l'engrais lors de sa plantation. Mais plus une houblonnière est ancienne, plus elle exige de fumier. On fume peu pendant les premières années ; mais, plus tard, on augmente peu à peu tous les ans, mais toujours en évitant un excès. Par exemple, une fourchée par pied d'abord, ensuite une fourchée et demie, puis enfin deux fourchées.

On peut compter par hectare douze voitures à deux chevaux ; pour les terres maigres et les houblonnières anciennes, dix-huit à vingt-quatre voitures.

Les engrais les plus ordinairement employés sont ceux de gros bétail, de moutons, de chevaux, de porcs, de volailles, puis l'eau de lizée provenant des étables et des écuries. Les planteurs qui sont obligés d'acheter leur fumier ne devraient jamais manquer d'établir des tas de compost. Celui-ci convient même mieux aux houblonnières que le fumier d'étable et coûte moins cher. Il y a d'ailleurs tant de matières propres à servir d'engrais qui passent inaperçues aux yeux de la plupart des planteurs ! Par exemple, les eaux d'évier, des lessives, des mégisseries, des abattoirs et boucheries ; celles qui, par les pluies, s'écoulent des commodités ; le dépôt des conduits qui traversent les rues dans les villes et les villages ; le limon des fossés et des étangs, etc.

Les matières suivantes peuvent également servir d'engrais pour le Houblon ; on peut se les procurer facilement.

Nous les présentons sous forme de tableau. Le chiffre qui suit le nom de chaque substance indique la proportion qui équivaut à 100 parties de fumier d'étable ordinaire.

NOMS DES MATIÈRES.	PROPORTIONS équivalant à 100 parties de fumier d'étable.	OBSERVATIONS
Chiffons de laine	2 parties.	
Poils de gros bétail	2	
Plumes.	2	
Éclats de corne	2	
Sang desséché	2-3	
Chair sèche, tendons.	3	
Colle forte	3	tels qu'on les trouve chez les fabricants de chandelles
Cretons de suif.	3	
Poudre d'os	5-6	
Tourteaux de graines oléagineuses.	4-7-10	
Germes de drèche.	8	
Résidus des fabriques de colle	10	
Hannetons morts	12	
Sang liquide	15	
Marc de raisin.	24	
Genêts.	32	
Suie de l'huile brûlée	29	
Suie des cheminées	34	
Noir animal.	32-37	
Résidus des betteraves.	55	à l'état sec.
Cendres	61	
Résidus d'os des fabriques de colle.	73	
Scie de bois de chêne.	74	séchée à l'air.
Colombine.	4	
Poudrette.	10	
Engrais flamand liquide.	25-70	
Urine de cheval.	45	
Fumier de mouton et de chèvre	18-56	sans paille.
Limon des ruisseaux	28	
Purin	67	
Excréments de porc mélangés.	65	
Eau de lizée des étables.	90	
Bouse de vache mélangée	97	
Limon des rivières.	100	

(Les treize dernières lignes sont accolées à gauche : « Parmi les matières à engrais les plus communes, celles-ci sont les plus actives ».)

Parmi les pailles et les fanes, les meilleures sont celles de pois, de lentilles, de millet, de madia, de pommes de terre, de sarrasin ; puis viennent les pailles de froment, d'avoine, d'orge, de seigle, etc.

La sciure de bois de sapin équivaut à peu près à ces dernières pailles.

Les tas de compost doivent être établis dans des fosses autour desquelles on laisse un espace vide pour recueillir les eaux qui s'en écoulent par les temps d'averse, pour que rien ne puisse se perdre. Tout ce qui est susceptible de devenir engrais doit être jeté dans la fosse à compost.

On fera bien d'assortir les matières à compost suivant la nature du terrain que l'on cultive ; ceci est important surtout pour les terres que l'on veut y faire entrer. Ainsi lorsque le sol de la houblonnière est *sableux* ou *calcaire*, ou, en un mot, léger, meuble et chaud, on se sert de préférence de terres argileuses et de matières qui peuvent lui donner plus de consistance. Par exemple, les schistes argileux, la marne lehmeuse, le plâtras des fours à pain, le limon des ruisseaux, la vase des étangs, le fumier de porc (ou, à son défaut, la bouse de vache), le plâtre, le fumier de vidange, le purin, l'eau de lizée. On commence par mettre une couche de terre environ de 10 centimètres d'épaisseur ; là-dessus on jette une couche de matières végétales et animales, liquides et solides, mélangées avec le plâtre ; on piétine le tout ; puis on remet une couche de terre, et ainsi de suite en alternant jusqu'à ce qu'on ait obtenu un tas de la hauteur d'un homme. Dans chaque tas qu'on aura établi, on pratiquera des trous par en haut et l'on y versera de temps en temps du purin ou de l'eau de lizée.

Au bout de trois mois, on remanie le tas en mélangeant

bien les substances, et l'on renouvelle ce remaniement quelques semaines avant le fumage.

Suivant le plus ou moins de légèreté du sol, on emploie moitié ou deux tiers de matières terreuses.

Pour les *terres argileuses, fortes, tenaces, froides,* on fera usage de marnes sablonneuses et calcaires, de terre gazonneuse, de limon des rivières, de charrée, de cendres de tourbe, de vieux tan, de fumier de cheval, de colombine, de sang, de poudre d'os, de sabots d'animaux, de poils, de balayures des rues, des chantiers et des granges, de fanes de topinambours, de balles de grains, de sciures, de chiffons (de laine surtout), de marc de raisin, de fumier de mouton, de chèvres et de vidange, de plâtre, de dépôts des chaudières des salines, etc., tout cela humecté de purin. On procède comme il a été dit plus haut, on remanie deux mois après, puis encore deux ou trois fois avant de conduire à destination.

Les matières terreuses doivent entrer pour les deux tiers dans ce compost.

Pour les bonnes terres à Houblon, comme les terres lehmeuses, un compost sera également plus utile qu'un fumier d'étable pur. Pour ce compost, on peut indistinctement utiliser les matières des deux catégories ci-dessus.

Si l'on ne peut pas mettre le compost sous toit, on fera bien de le couvrir au moins de paille, afin de le soustraire autant que possible au hâle et au lavage des pluies.

Les vidanges qu'on emploie peuvent être rendues inodores par une addition de sulfate de fer; ce sel sert en même temps à fixer l'ammoniaque qui s'y trouve, et l'empêche de se volatiliser. Avec 1 kilogr. ou 5 hectogr. de sulfate de fer dissous dans 32 à 40 litres d'eau on peut désinfecter 50 kilogr. de vidanges. En ajoutant le sulfate de fer on remue bien ; pour cela il est bon d'avoir des fosses d'aisance bétonnées ou construites en chaux hydraulique. Lorsqu'on n'a pas de fosses, il faut mettre les vidanges dans de grands bassins portatifs.

L'hiver est la meilleure saison pour donner une fumure de compost ; au besoin on peut ne le faire qu'au printemps, cet engrais n'ayant pas les mêmes inconvénients que le fumier d'étable.

On aura toujours soin de bien diviser l'engrais, afin qu'il se mêle mieux avec la terre. Les mottes d'engrais recèlent souvent des animaux nuisibles.

Les engrais liquides se répandent vers la fin de l'hiver ; étendus d'eau, à parties égales, on peut encore les répandre au printemps, même en été.

Pendant les années sèches, surtout lorsqu'il règne un vent sec à l'époque de la floraison, il est toujours nécessaire d'arroser les pieds de Houblon ; pour cela on peut employer du purin étendu d'eau ou de l'eau limoneuse et chargée de vase. Chaque pied reçoit un seau le soir et s'il le faut le matin de bonne heure. En arrosant, il faut faire en sorte qu'il ne se fasse pas de croûte à la surface de la terre, verser le liquide lentement et jeter une pelletée de terre sèche sur la place arrosée.

S'il se trouve à proximité de la plantation une eau courante ou un puits pouvant servir à l'arrosement, on fera bien de la disposer en planches et d'y diriger ces eaux.

Dans les contrées houblonnières, les planteurs feraient bien d'établir des réservoirs hors des communes, destinés à recevoir toutes les eaux qui s'écoulent par les rues en pure perte ; ils trouveraient là une riche mine d'engrais.

Dans ces derniers temps, on a recommandé les récoltes enfouies, le lupin, par exemple; mais ces récoltes enfouies sont-elles réellement utiles au Houblon, puisqu'il faut les cultiver dans le sol même de la houblonnière?

CHAPITRE XXI.

Châtrage des souches.

Le *châtrage* ou la *taille* est pour le Houblon l'une des principales opérations de culture; elle influe sur la qualité comme sur l'abondance du produit. Le Houblon non châtré retourne à l'état de sauvageon. Supprimez la taille la première année seulement, et vous verrez déjà rétrograder vos variétés culturales; soumettez des sauvageons à la taille plusieurs années de suite, et si le climat, l'exposition, le sol sont favorables, le Houblon prendra des allures de plante cultivée; tous les ans, il paraîtra plus tendre, plus délicat; les cônes cesseront de produire des graines et seront plus riches en lupuline et en principe aromatique.

Le Houblon non châtré pousse beaucoup de sarments faibles qui ne produisent que peu ou point de fruits; par le châtrage toute la séve se trouve concentrée dans un petit nombre de sarments qui deviennent plus vigoureux et plus productifs. Cette opération est encore nécessaire pour maintenir chaque pied dans les limites qui lui sont assignées.

On y procède ordinairement au printemps, suivant la température et l'exposition, de fin mars à fin avril, avant la première poussée. Dût-on avoir encore à craindre des gelées, il est bon de châtrer de bonne heure ; la végétation devient plus active et échappe plus vite aux ravages des altises. On a essayé d'opérer déjà à l'automne ; on s'en est bien trouvé lorsque le printemps suivant a été favorable ; mais cette pratique ne saurait passer en règle générale, car les pieds châtrés sont beaucoup plus sensibles au froid et à l'humidité, surtout vers la fin de l'hiver.

L'opération qui précède le châtrage c'est le *déchaussement* des souches. Il y a deux manières de déchausser : par rigoles et par fosses. Dans l'une et l'autre méthode on peut employer la charrue pour enlever la terre des deux côtés en suivant les allées. Mais comme il faut également faire usage du hoyau, et qu'avec la charrue on blesse facilement les souches, il vaut mieux exécuter le tout avec l'instrument à main.

En houblonnières exposées aux inondations on déchausse par rigoles ; car là il est nécessaire d'enlever la terre, tout le long de la rangée, jusqu'aux racines et à la vieille souche. En terrains secs on déchausse par fosses. Tout autour de la souche on enlève la terre avec le hoyau, de manière à mettre à nu les racines latérales (*fig.* 17).

Fig 17 — Racines déchaussées.

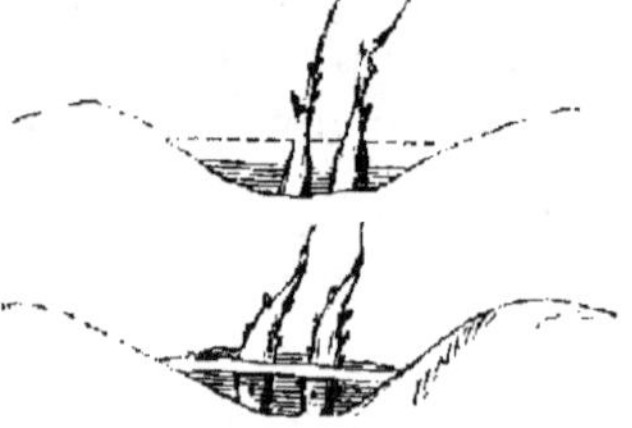

Fig. 18. — Racines châtrées.

On ne déchausse jamais plus de souches que l'on n'en

peut tailler dans une journée ; s'il en restait le soir il faudrait les recouvrir. L'opération se fait par un temps sec, le matin de bonne heure, afin que la terre attachée aux racines ait le temps de sécher pour pouvoir plus facilement être détachée avec la main.

Le déchaussement opéré, on taille à 7 millim. environ tous les jets qui ont produit des tiges l'année précédente, de même que toutes les racines qui se développent vers le haut et qui tendent à produire des surgeons aux dépens du pied-mère. Ce traitement est appliqué aux pieds plantés depuis un an comme à ceux qui existent depuis plusieurs années.

Le châtrage exige un couteau bien tranchant et pas trop massif, que l'on puisse facilement glisser entre les racines, très serrées sur les souches. Le meilleur c'est un couteau de jardinier, à bout recourbé, à lame mince, large de 14 millim. au plus et long de 10 cent. (*fig.* 19). Un couteau

Fig. 19. — Couteau propre au châtrage.

droit sans pointe peut servir également, mais souvent la pointe est nécessaire pour mieux arriver aux points à châtrer ; cependant le travail se fait plus facilement avec un couteau de jardinier.

La taille se fait toujours *de bas en haut* pour ne pas faire de déchirure ; le couteau doit être repassé dès que son tranchant s'use, car il importe beaucoup de faire une tranche propre et nette, sans efforts qui ébranlent la souche. Avec la serpette des vignerons il serait impossible de remplir ces conditions : elle est trop large, trop épaisse et s'émousse trop vite.

On fera toujours bien de se munir de plusieurs couteaux, afin de ne pas avoir constamment à aiguiser. Il n'est pas absolument nécessaire que la pièce à couper s'enlève chaque fois d'un seul trait. On ne châtre que faiblement ou point du tout les pieds jeunes et faibles; on traite de même les pieds malades ou rongés; cependant on enlève toujours les parties endommagées.

Le châtrage terminé, on couvre les souches de 27 millim. de terre environ; on écrase le fumier qui se trouve autour, on l'enfouit; on ajoute de la terre de manière que les souches se trouvent couvertes de 54 millim. de terre en sol fort et de 70 millim. en sol léger.

Dans les houblonnières de sept à huit ans et dans celles qui sont exposées à un exhaussement du sol par des inondations régulières, les souches peuvent se trouver à une profondeur de plus de 30 cent.; là il est nécessaire de tailler long. Au lieu de châtrer à 7 millim. on châtre à 27 millim. et même à 54 millim., de manière à ménager des racines pourvues de deux à quatre yeux destinés à produire de jeunes sarments.

Les plantations qui ne sont pas sujettes à un exhaussement naturel doivent être exhaussées artificiellement par des terrages, lorsque, déjà façonnées en billons, il n'est plus possible d'augmenter la hauteur de ceux-ci avec la terre existante.

Parfois on cherche à rajeunir les houblonnières anciennes en les soumettant à une taille courte. On retranche les pousses de l'année précédente par une taille tellement vive que souvent on enlève encore un morceau de la souche; par là on a pour but de réveiller des bourgeons dormants doués de plus de vigueur. Mais une taille tellement courte a toujours beaucoup d'inconvénients, dont le plus grave est le dépérissement de la souche.

Il arrive souvent qu'une houblonnière est ruinée par des ouvriers de mauvaise foi qu'on fait travailler à la tâche. Ils veulent rapidement se débarrasser de leur besogne, ils déchaussent mal, ébranlent, déchirent les souches, taillent à droite et à gauche, tantôt trop court, tantôt trop long. Voilà pourquoi il vaut mieux faire exécuter le châtrage à la journée, dût-on payer plus cher.

Si on veut vendre comme replants les pousses coupées, on aura soin de les classer par variétés ; à cet effet on marquera les pieds avant la récolte afin d'éviter les erreurs.

CHAPITRE XXII.

Durée des houblonnières.

Il y a des planteurs qui prétendent qu'une houblonnière ne peut durer au delà de dix ans ; d'autres admettent une durée de vingt à vingt-cinq ans ; d'autres encore pensent que, si le sol est toujours suffisamment exhaussé, soit naturellement soit artificiellement, une houblonnière peut se maintenir pendant quarante à cinquante ans et même au delà. Cette divergence d'opinions, parmi des hommes fort compétents d'ailleurs, prouve qu'il n'y a aucune règle absolue à cet égard. La durée d'une houblonnière dépend de la manière dont elle a été établie, de la nature du sol, du plus ou moins d'espacement, du châtrage, puis encore de la variété plantée.

En sol profond et en lignes bien espacées, une plantation peut durer jusqu'à quinze ans et au delà. C'est dans la marne et le lehm sableux que les plants de Houblon conservent le plus longtemps leur vigueur ; puis viennent les sables lehmeux et marneux et les lehms calcaires et sableux.

En terres fortes, sableuses ou tourbeuses, le produit n'est déjà pas trop considérable sans cela ; là il faut, en thèse générale, défricher tous les dix ans.

Plus un terrain est riche, plus la houblonnière a de durée. La diminution des produits en qualité et en quantité sera toujours un avertissement pour le planteur. Dès que les cônes se présentent ouverts, légers, sans corps, pauvres en lupuline ; dès que, par la difficulté que l'on trouve à vendre le Houblon, on s'aperçoit que le terrain produirait davantage s'il était cultivé en céréales, en plantes fourragères, en pommes de terre, etc., il n'y a plus à hésiter, il faut défricher.

Comme toutes les plantes cultivées, le Houblon effrite le sol d'année en année, malgré les engrais ; ceux-ci ne peuvent pas tout à fait remplacer dans le sol ce qui lui est enlevé par les plantes ; les principes fertilisants qui s'y trouvent ne peuvent pas non plus pénétrer jusqu'aux racines les plus profondes. Les sols maigres reçoivent toujours un défoncement peu profond ; aussi l'on peut dire que, moins on aura défoncé, moins la houblonnière aura de durée, car les racines ne pourront pas assez s'étendre, et les principes nutritifs qu'elles doivent soutirer au sol pour le développement de la plante ne tarderont pas à faire défaut. Les houblonnières établies depuis longtemps et celles à plantation serrée se trouvent dans le même cas. Du reste, lors même que le terrain fût assez riche pour nourrir les plantes pendant un siècle, elles ne pourraient également jamais arriver à cet âge ; car tous les ans les souches deviennent plus ligneuses, les canaux par lesquels doit monter la séve s'oblitèrent, ce qui amène leur mort.

A l'état sauvage, la souche primitive ne dure guère ; mais la plante se propage, se rajeunit par les surgeons, que l'on a toujours soin de retrancher dans la culture, et ainsi il peut arriver que pendant un temps immémorial le même buisson serve de soutien à des sarments de Houblon sauvage, sans que précisément ces sarments sortent toujours de la même place. Dans la culture, ce renouvellement s'opère par la longue taille ; mais ce procédé a pour complément indispensable l'exhaussement du sol, sans lequel les nouveaux rejetons se feraient hors de terre. Donc cette opération a ses limites : elle n'est guère praticable au delà de dix ans. Par la longue taille, il se forme tous les ans des plantes nouvelles, avec leurs racines et leurs sarments ; la souche primitive ne tarde pas à périr, comme dans le Houblon sauvage ; mais le terrage qu'elle nécessite est trop dispendieux pour ne pas bientôt fatiguer le planteur. Bien que les houblonnières exposées aux inondations reçoivent un terrage naturel, elles ne se trouvent jamais dans les conditions les plus favorables. Souvent les inondations font beaucoup de dommage, puis la terre amenée par les eaux est souvent fort mauvaise. Il y a des plantations qui ont passé cinquante ans et qui se soutiennent par rajeunissement ; mais en thèse générale on peut admettre que la durée d'une houblonnière varie entre dix, quinze à vingt ans, suivant les conditions de terrain et d'aménagement.

Chercher à entretenir une plantation en remplaçant par des plants nouveaux les souches qui périssent, c'est un procédé tout à fait vicieux, comme nous l'avons indiqué chapitre IX.

Le Houblon ne peut se succéder à lui-même ; une houblonnière défrichée doit être suivie, pendant trois à six ans, par d'autres cultures : des céréales, des pommes de terre, ou mieux encore du trèfle. Les céréales et les graminées lui succèdent avec beaucoup d'avantage, surtout si le terrain n'a pas été complétement épuisé. Non-seulement cette alternance est nécessitée par l'effritement du sol, mais encore un nouveau défonçage exigé par la remise immédiate du terrain en houblonnière serait nuisible aux terres légères, qui par là deviendraient trop meubles.

CHAPITRE XXIII.

Frais de culture et produit.

De toutes les cultures celle du Houblon donne le plus de bénéfice.

Les frais de premier établissement sont considérables, mais les dépenses faites à cet effet profitent toujours à la contrée dans laquelle on cultive. Celui qui a à vendre du terrain propre au Houblon en retire un prix plus élevé ; celui qui cultive ses propres terres en augmente la valeur, non-seulement par le surcroît de bénéfice, mais encore par l'amélioration du sol due aux défonçages, aux façons, etc. Outre cela on se rend utile à l'humanité en procurant du travail à des bras autrement inoccupés, en donnant à gagner à des vieillards infirmes et à des enfants. Les artisans même y trouvent de l'ouvrage : les menuisiers par les différentes dispositions de séchage, les tisserands par les filets et les sacs, les forgerons par la confection des outils, les charrons par les échelles, les chevalets, l'appointage des perches ; puis d'autres ouvriers encore comme ensacheurs, hommes de peine, etc.

La culture du Houblon convient aux grands et aux petits propriétaires ; elle est avantageuse surtout pour les artisans dans les endroits où les métiers sont trop surchargés. Les artisans peuvent utiliser leurs loisirs en exécutant eux-mêmes la plupart des travaux pour lesquels d'autres seraient obligés de payer des bras.

D'après les observations faites jusqu'ici, on admet sur une révolution de douze ans :

2 bonnes récoltes,

6 moyennes,

4 mauvaises.

En Bavière, on compte par perche, comme produit en Houblon sec, 500 grammes dans les bonnes années, 250 grammes dans les moyennes et 60 grammes dans les mauvaises.

Le Houblon se vend ordinairement aux prix suivants :

Dans les bonnes années à 138 fr. 60 c. les 100 kilogr.

Dans les moyennes   à 252   00   id.

Dans les mauvaises   à 420   00   id.

Donc sur une révolution de douze ans, le produit par hectare à 3,934 perches se calculerait comme suit :

	kil.	fr. c.		fr. c.
2 bonnes années, ensemble	3,934	à 138 60 le % métr.		5,452 52
6 années moyennes, —	5,901	à 252 »	—	14,870 52
4 mauvaises, —	944	à 420 »	—	3,964 80
Totaux pour les 12 ans.	10,779			24,287 84

Dépenses (intérêts du capital engagé dans le bien-fonds, frais de premier établissement, frais de culture, etc.) :

Moyenne par an, 976 fr. 50 c. pour 12 ans . . .   11.718 »

Reste, bénéfice net. 12,569 84

Moyenne par an. . .   1,047 47

En Franconie (Bavière), les houblonnières ont une grande valeur. Jusqu'ici, lorsqu'un terrain planté en Houblon a été vendu ou donné en dot, on a évalué la perche à 5 fr. 70 c., ce qui établit l'hectare à plus de 22,000 fr. Les planteurs bavarois ont déjà fait de bonnes affaires; là on peut dire avec raison que le Houblon enrichit ceux qui le cultivent. D'après les expériences faites jusqu'ici, un hectare de houblonnière, dont le fonds vaut à peine 1,300 fr., rapporte plus que les meilleures terres à blé, dont l'hectare se vend 3,900 à 5,200 francs.

Nous ferons suivre ci-après un aperçu détaillé des frais d'établissement, de culture, etc., ainsi que des bénéfices d'un hectare de Houblon pendant douze ans[1].

ÉTABLISSEMENT. — 1833 à 1834.

Terrain : en propriété.

Impôts : contributions et dîme.

Valeur de la propriété en 1833 : 1,302 francs.

Frais de premier établissement :

Défonçage (journées d'ouvriers)	520 fr. 80 c.
7,130 plants à 2 fr. 80 c. le 100.	199 64
Frais de plantation.	13 »
3,934 perches à 42 c. pièce	1,652 28
Valeur du fonds	1,302 »
Total du capital engagé.	3,687 fr. 72 c.
Intérêts de cette somme.	184 fr. 35 c.
Contributions et dîme (moyenne) .	19 60
Total.	203 fr. 95 c.

<hr>

(1) L'auteur donne la comptabilité d'une exploitation d'un arpent de Wurtemberg à Rottenbourg sur le Necker. Comme dans tout le cours de l'ouvrage j'ai tablé sur l'hectare (et en exprimant en équivalents décimaux les poids et mesures d'Allemagne), j'ai cru devoir

1re ANNÉE. — 1831.

Frais :

Tous les travaux, hormis ceux de la récolte,
    furent payés sur le pied de 2 fr. 25 c. par
    100 perches. . . . .   88 fr. 50 c.
Journées d'ouvriers et voiture pour la récolte.   11   70
Cueillette   13   »
Séchage.   9   80
Emballage du produit (sacs et main-d'œuvre).   9   10
Intérêts du capital engagé, contributions, etc. 203   95

                           Total. . . . 336 fr. 05 c.

Produit :

186 kilogr. de Houblon vendu à
    raison de 202 fr. les 100 kilogr.   375 fr. 72 c.

              Produit . . . . 375 fr. 72 c.
              Frais 336   05

              Reste pour bénéfice. . . 39 fr. 67 c.

Ce n'était qu'une année moyenne ; aussi comptait-on peu sur le produit. Environ 700 pieds sont restés en arrière, et, la saison ayant été trop avancée, on ne les a remplacés que l'année suivante.

Le produit de cette année, comme tous les produits des onze années suivantes, a été vendu à des brasseurs ou à des marchands de Houblon du pays.

ici encore substituer l'unité *hectare* à l'unité *arpent ;* je me suis donc servi des données de l'auteur comme bases, et j'ai calculé tous les chiffres en proportion. Le résultat final ne présente qu'une différence de quelques centimes provenant de fractions négligées.

                                    TRADUCTEUR.

2ᵉ ANNÉE. — 1835.

Frais :

Travaux de culture, comme à la 1ʳᵉ année . .   88 fr. 50 c.
Récolte   20   85
Cueillette   52   10
Séchage.   41   »
Emballage (sacs et main-d'œuvre)   43   10
Intérêts, contributions, etc.   203   95
                  Total. . . . .   449 fr. 50 c.

Produit :

698 kilogr. de Houblon vendu au
    prix de 149 fr. les 100 kil. . .   1,040 fr. 02 c.

            Produit . . . . .1,040 fr. 02 c.
            Frais   449   50
            Reste pour bénéfice. . .   590 fr. 52 c.

Les pieds plantés après coup cette année-ci ne purent pas beaucoup influer sur ce produit. Les plants nécessaires furent levés dans la houblonnière même.

3ᵉ ANNÉE. — 1836.

Frais :

Travaux de culture, comme précédemment. .   88 fr. 50 c.
Récolte   29   35
Cueillette   75   95
Séchage.   57   »
Emballage (sacs et main-d'œuvre).   54   70
Intérêts, contributions, etc.   203   95
                  Total. . . . .   509 fr. 45 c.

Produit :

Pour vente de 1,575 plants à 84 c.
    le 100. . . . .   13 fr. 24 c.
930 kilogr. de Houblon vendu au
    prix de 184 fr. 80 c. les 100 kil. 1,718   64
            Total. . . . . 1,731 fr. 88 c.

            Produit . . . . .1,731 fr. 88 c.
            Frais   509   45
            Reste pour bénéfice. . .1,222 fr. 43 c.

4ᵉ ANNÉE. — 1837.

Frais :

Culture, etc. 2 fr. 52 c. les 100 perches. . . .	99 fr. 15 c.
Récolte.	26 25
Cueillette.	82 95
Séchage.	61 »
Emballage	54 70
Intérêts, contributions, etc.	203 95
Total.	528 fr. »

Produit :

Vente de 2,170 plants, à 84 c. le 100. . . . . 18 fr. 20 c.	
1,131 kil. de Houblon, à 97 fr. les 100 kilogr. 1,097 07	
Total. . . . . 1,115 fr. 27 c.	
Produit.	1,115 fr. 27 c.
Frais	528 »
Reste pour bénéfice. .	587 fr. 27 c.

5ᵉ ANNÉE. — 1838.

Frais :

Fumier, 12 à 13 voitures à 2 colliers.	52 fr. » c.
Culture, comme ci-dessus	99 15
Récolte.	26 »
Cueillette.	80 30
Séchage	80 30
Emballage	54 70
Intérêts, contributions, etc.	203 95
Total.	596 fr. 40 c.

Produit :

1,800 plants, à 63 c. le 100. . . . . . 11 fr. 71 c.	
1,178 kil. de Houblon, à 210 fr. 2,473 80	
Total. . . . . 2,485 fr. 51 c.	
Produit	2,485 fr. 51 c.
Frais	596 40
Reste pour bénéfice. .	1,889 fr. 11 c.

6ᵉ ANNÉE. — 1839.

Frais :

Culture, comme ci-dessus	99 fr.	15 c.
Récolte.	26	05
Cueillette.	82	50
Séchage	82	50
Emballage	63	80
Intérêts, contributions, etc.	203	95
Total.	557 fr.	95 c.

Produit :

Vente de 2,480 plants, à 42 c. le 100.	10 fr.	40 c.
1,223 kil. de Houblon, vendu à 186 fr. les 100 kil.	2,274	70
Total.	2,285 fr.	10 c.

Produit.	2,285 fr.	10 c.
Frais	557	95
Reste pour bénéfice. .	1,727 fr.	15 c.

7ᵉ ANNÉE. — 1840.

Frais :

Fumier, 15 à 16 voitures à 2 chevaux	66 fr.	» c.
310 perches de remplacement	130	20
Culture, comme ci-dessus	99	15
Récolte.	26	»
Cueillette.	84	65
Séchage	84	65
Emballage	72	90
Intérêts, contributions, etc.	203	95
Total	767 fr.	50 c.

Produit :

Vente de 1,240 plants, à 42 c. le 100.	5 fr.	20 c.
Pour 217 perches usées. . . .	55	30
1,255 kil. de Houblon, à 194 fr. les 100 kil.	2,434	70
Total.	2,495 fr.	20 c.

Produit	2,495 fr.	20 c.
Frais	767	50
Reste pour bénéfice. .	1,727 fr.	70 c.

8ᵉ ANNÉE. — 1841.

Frais :

Culture, comme ci-dessus.	99 fr.	15 c.
Récolte.	27	35
Cueillette.	80	30
Séchage	80	30
Emballage.	72	90
Intérêts, contributions, etc.	203	95
Total.	563 fr.	95 c.

Produit :

1,550 plants vendus à 42 c. le 100.	6 fr. 50 c.	
1,161 kil. de Houblon, à 267 fr. les 100 kil.	3,099	87
Total.	3,106 fr. 37 c.	
Produit.	3,106 fr.	37 c.
Frais	563	95
Reste pour bénéfice.	2,542 fr.	42 c.

9ᵉ ANNÉE. — 1842.

Frais :

18 à 19 voitures d'engrais	78 fr.	15 c.
310 perches de remplacement, à 46 f. 20 le 100.	143	22
Culture, comme ci-dessus	99	15
Récolte.	26	"
Cueillette.	36	90
Séchage	36	90
Emballage	28	58
Intérêts, contributions, etc.	203	95
Total.	652 fr.	85 c.

Produit :

620 plants vendus à 42 c. le 100.	2 fr. 60 c.	
310 perches usées, à 21 c. pièce.	65	10
495 kil. de Houblon, à 340 fr. les 100 kil.	1,683	"
Total.	1,750 fr. 70 c.	
Produit.	1,750 fr.	70 c.
Frais	652	85
Reste pour bénéfice .	1,097 fr.	85 c.

L'année était fort sèche ; les plantes ont été en partie brûlées par le soleil.

10ᵉ ANNÉE. — 1813.

Frais :

Culture, comme ci-dessus...........	99 fr.	15 c.
310 perches de remplacement.........	150	»
Récolte.................	25	»
Cueillette................	75	95
Séchage.................	75	95
Emballage................	62	95
Intérêts, contributions, etc..........	203	95
Total.....	692 fr.	95 c.

Produit :

1,550 plants vendus à 42 c. le 100.............	6 fr.	50 c.
310 perches usées......	65	10
1,116 kil. de Houblon, à 226 fr. les 100 kil.........	2,522	16
Total.....	2,593 fr.	76 c.

Produit..........	2,593 fr.	76 c.
Frais...........	692	95
Reste pour bénéfice.	1,900 fr.	81 c.

11ᵉ ANNÉE. — 1814.

Frais :

18 à 19 voitures de fumier..........	78 fr.	15 c.
Culture, comme ci-dessus..........	99	15
Récolte.................	27	35
Cueillette................	100	35
Séchage.................	100	35
Emballage................	72	90
Intérêts, contributions, etc..........	203	95
Total.....	682 fr.	20 c.

Produit :

620 plants à 21 c. le 100...	1 fr.	30 c.
1,163 kil. de Houblon, à 331 fr. les 100 kil.........	3,849	53
Total.....	3,850 fr.	83 c.

Produit..........	3,850 fr.	83 c.
Frais...........	682	20
Reste pour bénéfice.	3,168 fr.	63 c.

12ᵉ ANNÉE. — 1845.

Frais :

Engrais, 18 à 19 voitures.	78 fr.	15 c.
Culture, comme ci-dessus	99	15
Récolte.	26	»
Cueillette.	100	90
Séchage	100	90
Emballage	54	70
Intérêts, contributions, etc.	203	95
Total.	663 fr. 75 c.	

Produit :

946 kilogr. de Houblon vendu à
242 fr. les 100 kil. . . . . . 2,289 fr. 32 c.

Produit	2,289 fr.	32 c.
Frais	663	75
Reste pour bénéfice.	1,625 fr. 57 c.	

RÉCAPITULATION.

1. *Produit en Houblon :*

Total des 12 années. 11,481 kilogr.
Moyenne par an . . . 956,750 gr.
Moyenne par perche. 244 gr.

2. *Produit en numéraire :*

Total des 12 ans pour le Houblon. 24,858 f. 53 c.
— — — les plants . 75 66

Total. . . 24,934 f. 19 c.

Moyenne par an pour le Houblon. 2,071 f. 54 c.
— — — les plants . 6 30

Total. . . 2,077 f. 84 c.

Prix moyen des 100 k. de Houblon 214 f. 77 c.

3. *Frais :*

Total des frais pour 12 années. . 7,000 55
Moyenne par an 583 35

4. *Bénéfice :*

Total des 12 années . . . . . . 18,119 13 [1]
Moyenne par an 1,509 92

5. En déduisant du bénéfice représenté par 18,119 fr. 13 c.
les frais d'établissement se montant à. . . . 2,385 72

on a pour bénéfice net. . . . . 15,733 fr. 41 c.

(1) Il est à remarquer que dans ce chiffre se trouvent compris 185 fr. 50 c.
perçus pour perches usées. Cette somme ne figure pas dans la rubrique 2.
TRADUCTEUR.

Mais il y a peu de houblonnières à Rottenbourg qui soient piquetées à 1^m,74 ou à 1^m,60 ; beaucoup ne le sont même pas à 1^m,45 ; donc on ne peut compter comme moyenne générale par hectare que 775 kil. de Houblon par an, et le prix moyen ne peut être admis qu'à 210 fr. les 100 kil.

Ordinairement les terres propres au Houblon conviennent peu au blé, du moins avant le défonçage et les façons qu'exige cette culture ; néanmoins la valeur des terres à Houblon a considérablement augmenté, comme celle de tous les terrains. L'hectare, qui, il y a dix ans, n'avait coûté que 651 à 1,302 francs, se vend aujourd'hui à 3,255 francs.

Le prix des perches suit la hausse et la baisse du Houblon ; le cent se vend aujourd'hui 63 fr. En n'admettant qu'un prix moyen de 52 fr. 50 c., il faut compter, pour ce seul objet, à 1^m,45 de distance, ou 4,762 pieds à l'hectare, une somme de 2,500 francs.

Dans les conditions ci-dessus, les frais et produits se calculeraient comme suit :

4,762 perches.	2,500 f.	» c.
Défonçage.	520	80
12,400 plants à 21 c. le 100. .	26	»
Frais de plantation	13	»
Valeur du fonds	3.255	»
Total du capital engagé. .	6,314 f.	80 c.

Frais annuels :

Intérêts de cette somme et contributions (au moins). . . .	325 f.	50 c.
Frais de culture, etc., moyenne par an.	325	50
Total. . .	651 f.	»

Produit :

Moyenne annuelle de 775 kil. de Houblon,
  à 210 fr. les 100 kil. . . . . . 1,627 f. 50 c.

Produit annuel.	1,627 fr. 50 c.
Frais annuels	651 »
Reste pour bénéfice annuel . . .	976 fr. 50 c.
Pour 12 ans	11,718 fr. » c.
A déduire le capital engagé. .	6,314 80
Reste pour bénéfice . . .	5,403 fr. 20 c.

le fonds payé et amélioré, et sans compter la valeur des perches usées.

Quant à la vente des plants, il ne faut plus y compter, car il y en a trop à vendre partout ; néanmoins leur valeur n'est pas tout à fait nulle. Lorsqu'ils sont morts ils peuvent très bien servir à faire du fumier comme les sarments et les feuilles, ou aussi on peut les brûler. Les surgeons charnus qui poussent du printemps à la récolte peuvent être mangés en salade ou fournir un excellent légume vert. Ainsi tout peut être utilisé de la plante de Houblon. Les pampres font une bonne nourriture pour le bétail ; tous ces déchets valent toujours une trentaine de francs par hectare.

Outre le bénéfice direct qu'elle produit, cette culture présente encore l'avantage de contribuer à l'amélioration des terres. Une houblonnière défrichée se prête à toutes les autres cultures, surtout aux céréales, aux pommes de terre, etc., ce qui est important en présence de l'accroissement général de la population.

Cependant cette culture exige de sérieuses réflexions

avant d'être entreprise ; celui qui s'y prend avec témérité peut être conduit à de grands mécomptes. Les prix sont très variables ; souvent les produits restent longtemps invendus, parfois même on ne peut les vendre à aucun prix. Jamais il ne faut compter à les convertir en numéraire à un temps donné, ou prendre des engagements en comptant sur les prix de vente. Bien que les pertes qu'amènent ces éventualités et ces fluctuations soient sensibles, surtout à ceux qui se lancent dans de folles dépenses, les planteurs réfléchis en souffrent également ; car il leur est impossible d'échapper aux prix outrés des biens-fonds, des perches, des journées d'ouvriers, etc. Le bénéfice qui, pour les planteurs, devrait résulter de l'augmentation de valeur du terrain, disparaît ordinairement par les bas prix de la marchandise et les méventes. Souvent on voudrait vendre une houblonnière à bas prix et l'on ne trouve pas d'acheteur, ou si l'on en trouve, ce n'est qu'à la condition d'évaluer la houblonnière comme terre ordinaire et les perches comme bois à brûler.

Fonder toutes ses espérances sur une houblonnière, ou même emprunter des capitaux pour en établir, comme cela s'est vu dans ces derniers temps, c'est tout bonnement une extravagance.

Si les prix devaient se maintenir comme depuis environ douze ans, on ne risquerait rien avec une pareille entreprise ; mais si au contraire les prix devaient baisser, ou si même les débouchés devaient manquer, comme cela s'est déjà vu, cette culture ne manquerait pas de ruiner l'entrepreneur. Il ne suffit pas qu'une houblonnière solde les intérêts du capital engagé, il faut que le capital même soit payé par le bénéfice. En tout cas cela n'est pas peu de chose, en présence des éventualités qui pèsent sur cette den-

rée, que d'engager pour un hectare de Houblon 6,500 fr ,
9,750 fr. et même jusqu'à 13,000 francs.

CHAPITRE XXIV.

Des moyens de relever et de soutenir la culture du Houblon dans le Wurtemberg.

Depuis dix ans la culture du Houblon a considérablement augmenté dans le royaume de Wurtemberg ; néanmoins il s'y fait toujours beaucoup d'importations de la
Bavière, même parfois de l'Amérique. Le Wurtemberg,
il est vrai, en exporte pour le grand-duché de Bade, la
France, la Hesse, la Prusse rhénane, l'Autriche et même
pour la Bavière ; mais ces exportations ne viennent pas
d'un excédant de produit, elles sont plutôt le résultat de
l'inintelligence et de la méfiance d'un grand nombre de
brasseurs du pays. Il est rare que des brasseurs étrangers
viennent acheter chez nous ; les exportations s'opèrent
principalement par les marchands qui trouvent là une excellente occasion de faire des bénéfices illicites. Le Houblon de Wurtemberg est converti, par de fausses marques,
en Houblon de Bavière et de Bohême, et vendu aux prix
de ces derniers. Souvent cette transformation se fait au
lieu de production. Du reste, la même fraude se fait aussi
en Bavière. Une grande partie des produits de la Franconie est expédiée en Bohême d'où ils reviennent en Bavière avec le nom du pays qu'ils n'ont fait que parcourir ;
car en Bavière aussi il y a beaucoup de brasseurs qui s'i-
maginent ne pouvoir faire de la bonne bière qu'avec du
Houblon bohême. C'est le plus souvent comme produit
bavarois que revient le Houblon de Wurtemberg débaptisé

par les marchands ; mais le plus curieux dans ce trafic, c'est que des brasseurs y ont été pris eux-mêmes, en achetant comme *Houblon de Bavière*[1], du Houblon de leur propre cru dans lequel ils n'avaient pas assez de confiance. Dans cette tricherie, ils payaient deux fois plus cher qu'ils n'avaient vendu ! La découverte de ces fraudes, des essais sérieux faits avec succès pour brasser de la bière de mars avec le produit indigène, ont en partie fait disparaître ces préjugés. Mais il reste encore un autre obstacle à vaincre dans le Wurtemberg, c'est le manque d'argent comptant. Déjà souvent c'était la pénurie de numéraire qui a déterminé des brasseurs planteurs de Houblon à vendre leurs produits aux marchands contre argent comptant, pour **en** acheter d'autres à six mois de crédit. Les marchands, d'ailleurs, ont grand soin d'entretenir les préjuges existants; ils y trouvent une bonne source à exploiter.

Pourtant les brasseurs auraient un grand intérêt à alimenter la culture indigène ; car, si, faute de débouchés, la plantation du Houblon diminuait ou cessait tout à fait, ceux-là mêmes qui peuvent payer comptant deviendraient plus que jamais tributaires du commerce. Il n'y a que les grands brasseurs qui pourraient aller en Bavière ou en Bohême pour acheter sur les lieux ; ceux dont les besoins

(1) On dirait que le proverbe « Nul n'est prophète dans son pays » a été fait tout exprès pour le Houblon. Ce qui se passe en Bavière et dans le Wurtemberg est également pratiqué en Alsace. Les brasseurs de Strasbourg ne trouvent le Houblon d'Alsace bon que lorsqu'il leur revient par Kehl (grand-duché de Bade) sous le nom de Spalter ou de Schwetzingen. Ce sont les préjugés des brasseurs, on pourrait dire leur manque de patriotisme, qui encouragent ce commerce mensonger. Quand donc ouvriront-ils les yeux ? Quand donc verront-ils que, dans ce jeu, ils ne jouent eux-mêmes qu'un rôle de dupes ?   TRADUCTEUR.

se trouvent limités à 2, 3, 6 quintaux seraient tout à fait
à la merci des marchands.

Le gouvernement wurtembergeois, de même que les Sociétés d'agriculture, a beaucoup fait pour encourager la culture du Houblon. Le gouvernement a fait remise de la dîme, il a ordonné la délivrance des perches à Houblon aux prix de coupe; les Sociétés ont fondé et distribué des primes d'encouragement pour les plantations les plus rationnelles, pour les aménagements les mieux soignés; mais ces moyens n'ont pas encore suffi pour porter la culture du Houblon au point où elle devrait arriver. L'encouragement le plus efficace c'est un débouché assuré et de bons prix. Ce sont les bons prix qui ont mis la culture du Houblon au rang où elle se trouve aujourd'hui; ce sont encore les bons prix qui devront la maintenir et la propager dans notre pays.

Malheureusement les prix du Houblon, et par conséquent le produit net des houblonnières, sont extrèmement variables. Si les prix élevés ont donné naissance à un grand nombre de houblonnières, la dépréciation des prix pourra beaucoup restreindre cette culture, peut-être même la faire disparaître en grande partie. Il y a peu de planteurs capables de tenir pendant plusieurs années de suite contre des récoltes peu abondantes, accompagnées de bas prix ou même d'un manque de débouché; la plupart seraient forcés de défricher leurs houblonnières pour revenir à d'autres cultures. Beaucoup d'entre eux seraient ruinés.

Pour soutenir et pour encourager la culture du Houblon dans le Würtemberg, on a déjà proposé beaucoup de moyens dont la plupart sont restés sans application.

Nous insisterons principalement sur les suivants.

1° Donner suite à l'ordonnance du gouvernement qui

prescrit la délivrance , pour les planteurs, des perches au prix de coupe.

L'acquisition des perches, qui actuellement sont à des prix fort élevés, est pour les propriétaires un obstacle à la culture du Houblon. Les ventes à l'enchère, il est vrai, produisent de plus fortes sommes ; mais dans ces prix élevés tout n'est pas bénéfice pour l'État ; car, en fin de compte, ce sont des citoyens qui en souffrent, ceux qui ont besoin de ces perches pour leur industrie. Les enchérisseurs ordinaires, ce sont des particuliers habitant à proximité des forêts de l'État ; ils achètent ainsi, à six ou neuf mois de crédit, souvent à des prix exagérés, autant de perches qu'ils peuvent en avoir. Leur but est de les revendre aussitôt que possible, dans les contrées houblonnières, contre argent comptant. C'est un emprunt qu'ils font au gouvernement et qui peut leur coûter de gros intérêts. Souvent ils ont de la peine à en retirer le prix d'achat, même après les avoir transportées à 30 ou 40 kilom. de distance ; si alors ils ne perdent rien que leurs frais de voiture, les intérêts qu'ils payent sont déjà assez considérables. Ces enchérisseurs, qui parfois tombent encore entre les mains des usuriers, se trouvent en perte le plus souvent ; mais les planteurs de Houblon ne sont pas moins victimes de cet état de choses. Ils sont obligés de payer comptant, et, si le moment du placement des perches est arrivé, ils se trouvent forcés d'accepter à tous les prix, vu l'impossibilité d'ajourner cette opération. Se présentent-ils aux enchères pour acheter eux-mêmes, les amateurs sont plus nombreux, et les prix sont poussés plus haut. C'est donc pour mettre fin à ces abus, qui entravent la culture du Houblon, que nous réclamons, en faveur des planteurs, la délivrance des perches au prix de coupe.

S'il devait arriver que dans un cantonnement il n'y eût pas assez de perches pour contenter tous les planteurs de la contrée, ceux-ci n'auraient qu'à se réunir pour partager ensemble les perches disponibles.

L'État ne devrait pas hésiter à faire droit à cette demande, d'autant plus que peu de planteurs encore ont profité de l'affranchissement de la dîme, et il est probable qu'on en profitera rarement.

2° Établir des séchoirs communaux convenablement construits, avec pressoirs et tout ce qu'il faut pour emmagasiner le houblon jusqu'à la vente.

La construction d'un séchoir ne serait pas une dépense bien considérable pour une commune, et pourtant le droit de séchage que serait obligé de payer chaque planteur qui voudrait en profiter, pourrait devenir pour la caisse municipale la source d'un fort joli revenu. Par le manque d'espace dont se plaignent ordinairement les planteurs, il est fort étonnant qu'on n'ait pas encore songé à faire de pareils établissements dans les communes houblonnières. Il existe presque partout des bâtiments assez spacieux qui restent sans destination et qu'il serait facile de convertir en séchoirs banaux.

3° Instituer dans chaque contrée une commission composée de personnes administratives et de planteurs pris parmi les mieux entendus, ayant pour mission spéciale de surveiller la culture du houblon (variétés, nuances et qualités en général), l'ensachement, la vente, etc. Chaque ballot serait accompagné d'un certificat d'origine et d'un échantillon marqué du sceau de la commission afin d'éviter les fraudes et les substitutions. Ce serait un excellent moyen pour donner du renom à une contrée qui en serait digne.

4° Créer des houblonnières d'essai ayant pour but :

a) De procurer un enseignement pratique à des planteurs commençants ;

b) D'observer et de déterminer les différentes influences du sol, des engrais, de la plantation serrée ou espacée, de la longueur des perches, sur la forme, la nuance, l'arome, la quantité et le poids des différentes variétés ;

c) De faire des semis de houblon sauvage et cultivé, d'essayer des plants de houblon sauvage, pour comparer les variétés obtenues avec celles déjà acquises à la culture ;

d) D'apprendre à connaître les variétés qui, dans des conditions données, doivent mériter la préférence sur les autres ;

e) De répandre les bonnes variétés par une distribution de plants.

5° D'établir des marchés au Houblon.

Il va sans dire que ces marchés ne peuvent être établis que dans les centres de production. Les acheteurs préfèrent ordinairement acheter le Houblon en tas ; donc ces marchés ne se tiendraient qu'après le premier mouvement de vente et seraient destinés principalement au Houblon déjà ensaché. Ainsi les époques les plus convenables seraient le mois de novembre pour le premier marché, le mois de décembre pour le second, etc.

Les planteurs ne peuvent pas, sans trop de frais, visiter les marchés éloignés. La plupart d'entre eux ne cultivent qu'en petit ; les produits d'un seul ne suffisent pas pour un chargement complet ; ils sont obligés de se réunir à plusieurs pour faire conduire leur Houblon au marché ; ceci présente beaucoup d'inconvénients. Chacun veut être présent pour vendre lui-même sa marchandise ; de là des faux frais d'autant plus onéreux que la quantité est plus petite. Arrive-t-il que la marchandise n'est pas vendue, il faut la remiser jusqu'au prochain marché ; de là de nouveaux frais, sans compter les désagréments qui s'ensuivent. Bref, les planteurs de Houblon ne peuvent pas fréquenter les marchés éloignés sans éprouver des pertes considérables.

Des marchés spéciaux, établis à proximité des lieux de production, seraient loin de présenter ces inconvénients ; les acheteurs eux-mêmes s'en trouveraient mieux. S'il y avait augmentation de frais de transport pour les uns ou pour les autres, cette augmentation serait en tous cas peu de chose pour eux ; ils ne seraient jamais autant à plaindre que les producteurs forcés de s'en retourner d'un marché éloigné sans avoir rien vendu. Mais un avantage précieux qui résulterait pour les acheteurs de l'établissement de marchés dans les centres de production, ce serait la facilité d'obtenir des renseignements qui pourraient les guider dans leurs achats et dans l'appréciation des marchandises. Ils n'auraient affaire qu'à des personnes dont tout le monde connaîtrait le degré de probité et les soins donnés à leurs produits, ce qui serait pour les acheteurs une grande garantie contre la mauvaise foi.

6° Accorder aux brasseurs six à neuf mois de crédit.

Il est bien certain que, si les planteurs accordent le crédit nécessaire, les brasseurs ne demanderont pas mieux que de leur acheter directement ; ils savent qu'ils y trouvent un avantage et qu'ils sont moins exposés à être trompés. Ils peuvent choisir le moment le plus favorable pour faire leurs provisions et établir leur choix.

Le planteur qui vend à crédit est sûr d'obtenir des prix plus élevés que celui qui veut vendre au comptant ; néanmoins les brasseurs, tout en payant au planteur un peu plus que le marchand, sont toujours obligés de payer au marchand plus cher qu'au planteur : ainsi planteur et brasseur n'ont qu'à s'entendre et ils peuvent partager ensemble le bénéfice que le marchand prélève sur eux, et certes ils s'en trouveront bien.

Les petits planteurs, il est vrai, sont rarement en état de donner à crédit aux brasseurs. On a donc proposé : 1° la fondation par actions d'une société houblonnière, composée de planteurs et de brasseurs qui garantirait les ventes à crédit par des billets négociables ; 2° la nomination de commis-voyageurs chargés de placer à l'avance les quantités que l'on sera à peu près certain de récolter.

Le projet suivant nous paraît plus simple et plus convenable.

Les planteurs d'une contrée déclarent que désormais ils donneront à crédit à tout brasseur muni d'un certificat de l'autorité locale qui établit qu'il est *solvable.* Dans ce certificat, il y aurait encore à stipuler la quantité de Houblon à acheter, et la durée du crédit demandé (trois, six, neuf mois).

Avec cette pièce, le brasseur fait des achats chez un ou plusieurs planteurs, puis on y inscrit les ventes faites, avec les noms des vendeurs, et l'acheteur y appose sa signature.

Le planteur remet ce titre à l'autorité de sa commune qui lui donne en échange un billet sur la commune, équivalant à la somme qui lui est due par le brasseur ; ce billet peut se négocier ou se conserver jusqu'à échéance.

Un titre sur une commune vaut de l'argent partout. Ici la commune n'aurait rien à risquer, car les planteurs qui voudraient profiter de cette institution de crédit seraient obligés de garantir solidairement les sommes à eux avancées par la commune; outre cela, celle-ci aurait en dépôt le certificat de solvabilité du brasseur muni de sa reconnaissance. Les autorités locales des communes houblonnières peuvent sans hésiter instituer le moyen nullement onéreux que nous proposons ; il y va de la prospérité des communes dont les intérêts leur sont confiés. Les communes ne sont-elles pas obligées de se cautionner pour les cultivateurs qui, dans les temps de disette, reçoivent de l'État à crédit des semences pour leurs terres, etc.? Eh bien, dans ce cautionnement, il y a souvent des pertes, tandis que dans l'institution de crédit que nous proposons en faveur des producteurs de Houblon, les communes n'ont absolument rien à perdre.

Les planteurs, de leur côté, ne risquent pas grand'chose en garantissant solidairement à la commune les sommes à eux avancées; y eût-il même, malgré le certificat de solvabilité, par-ci, par-là, un acheteur insolvable, la perte, au lieu de peser sur un seul, d'une manière désastreuse peut-être, serait répartie sur tous les planteurs membres de l'institution, au prorata des quintaux vendus par chacun, et deviendrait ainsi peu sensible, d'autant plus que, par cette institution, les prix *deviendraient* généralement meilleurs. Les brasseurs, de leur côté, achetant mieux et à meilleur marché qu'en s'adressant aux marchands, n'hésiteraient pas à payer, outre le prix d'achat, une petite redevance, par exemple de 4 à 5 francs par quintal métrique. Avec le produit de ces redevances on payerait un agent comptable, et on ferait une réserve pour couvrir les non-valeurs.

Pour que les brasseurs eussent le temps de se mettre en mesure, les billets des communes pourraient porter une échéance plus éloignée (environ d'un mois) que les billets souscrits par eux. Pour éviter toute erreur, les payements ne seraient jamais faits directement aux planteurs, mais à la caisse communale, ou à l'agent préposé à cela et duquel on exigerait un cautionnement Ce système de crédit, d'ailleurs, n'exclut ni les ventes au comptant ni les exportations. Mais, si les brasseurs indigènes achètent du Houblon du pays pour leur consommation, on verra bientôt que le Wurtemberg est loin de produire son Houblon nécessaire, et que cette culture est encore susceptible de beaucoup d'extension. Le système de crédit que nous proposons, aurait pour avantage ultérieur de mettre les brasseurs à même de faire la bière meilleure : ayant moins d'avances à faire pour le Houblon, ils pourraient avancer davantage par leurs achats d'orge. En somme, la brasserie comme l'agriculture y trouveraient de grands avantages [1].

La contrée houblonnière qui la première mettra cette institution en pratique, sera aussi celle qui en tirera le plus de bénéfice : ce sont bien les contrées qui les premières ont commencé à cultiver le Houblon qui aujourd'hui sont le plus en renom.

CHAPITRE XXV.

Description d'un séchoir communal.

L'étendue d'un séchoir communal devra être calculée d'après les besoins de la culture locale.

Le séchoir (*fig.* 20, 21, 22) a une hauteur de 15^m, 60,

[1] Ce système de crédit, tout simple qu'il soit, ne pourrait être réalisé en France: car nous sommes loin d'avoir les libertés municipales dont jouit l'Allemagne. En France, la commune est regardée comme mineure. Néanmoins il y a là-dedans une idée féconde qui mérite d'être prise en considération.   TRADUCTEUR.

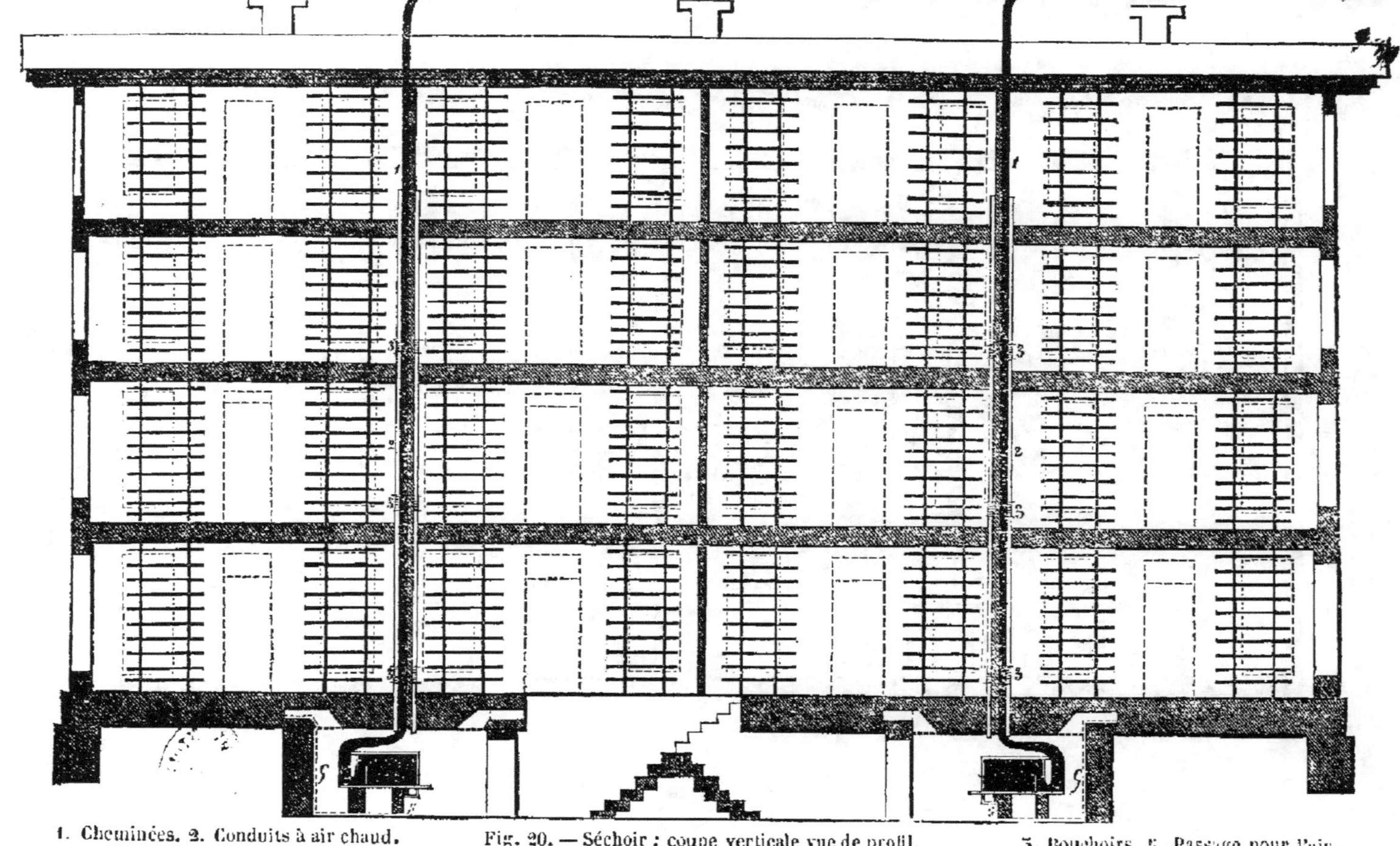

1. Cheminées. 2. Conduits à air chaud.   Fig. 20. — Séchoir : coupe verticale vue de profil.   5. Bouchoirs. 5. Passage pour l'air.

1. Cheminées.   Fig. 21. — Plan du séchoir : premier étage.   2. Conduits d'air chaud.

1. Cheminées. 2 Conduits d'air chaud.   Fig. 22. — Plan du séchoir : 2e, 3e et 4e étages.   4. Ouverture pour l'ensachement.

y compris le toit en terrasse, une longueur de 30 mètres, une largeur de 12 mètres. Le bâtiment se compose de quatre étages, dont le premier (rez-de-chaussée) a 3^m,60, le deuxième 3^m,30, le troisième et le quatrième 3 mètres de hauteur à l'intérieur. Chaque étage est divisé en quatre compartiments et chaque compartiment est pourvu de deux rangées de châssis, posés l'un au-dessus de l'autre, à 30 centimètres de distance, sur des échafaudages construits en grosses lattes ou en perches de houblon failles, fixées au plafond et au plancher.

Chaque support porte huit piles de châssis; les piles du premier étage sont de onze châssis placés l'un au-dessus de l'autre; celles du second étage de dix et celles des troisième et quatrième étages de neuf.

Tout le bâtiment peut contenir 2,496 châssis, savoir :

1er étage, 4 compartiments ayant chacun 2 échafaudages de 8 piles de 11 châssis.   704 châssis.

2e étage, 4 compartiments à 2 échafaudages de 8 piles de 10 châssis.   640   —

3e étage, 4 compartiments à 2 échafaudages de 8 piles de 9 châssis.   576   —

4e étage, *id.*, *id.*   576   —

Total.   2,496 châssis.

Chaque châssis a 2 mètres de longueur, sur une largeur de 1 mètre. Sur ces 2,496 châssis, on peut sécher à la fois 2,296 kilogrammes; dans les allées entre les supports, on peut mettre également 256 kilogrammes, ce qui fait un total de 25 quintaux métriques environ. On peut laisser les allées libres si l'on veut; pourtant, pour le séchage du Houblon, chaque petite place a son prix.

S'il fait chaud et sec, le Houblon bien étendu se dessèche au bout de vingt-quatre heures. S'il fait humide, on chauffe, et alors vingt-quatre heures suffisent également pour opérer la dessiccation. Le chauffage, comme l'indiquent les figures, se fait au moyen de deux calorifères; la chaleur est distribuée par les cheminées 1 et par les conduits d'air chaud 2. Ces conduits sont munis de bouchoirs 3 qu'on peut ouvrir et fermer à volonté, afin d'augmenter ou de diminuer la température.

Les conduits d'air chaud sont faits en bois, excepté à leur extrémité inférieure, qui doit être en tôle, à cause de la proximité du calorifère; les cheminées sont tout à fait en tôle, pour que la chaleur puisse mieux s'en dégager.

Si les compartiments traversés par les cheminées sont suffisamment échauffés par celles-ci, on ferme les bouchoirs des compartiments extrêmes, et on ouvre ceux qui laissent échapper la chaleur vers le milieu du bâtiment.

Si l'on fait sécher à la température naturelle, l'humidité s'en va par les fenêtres qu'on laisse ouvertes; s'il fait un temps humide et qu'il faille le secours de la chaleur artificielle, l'humidité s'échappe par les trois soupiraux qui couronnent la toiture; mais alors on ferme les fenêtres, à l'exception de deux qu'on laisse plus ou moins entrebâillées pour établir le courant d'air nécessaire. Il s'échappe également de l'humidité par les ouvertures destinées à l'ensachement.

Un séchoir semblable n'aurait pas besoin d'être d'une grande solidité; il reviendrait donc tout au plus à 16,000 fr., y compris les châssis estimés à 1,600 fr. Ceux qui l'utiliseraient auraient à payer une redevance de 8 fr. par quintal métrique, ce qui ferait 200 fr. par jour, en comptant 25 quintaux par vingt-quatre heures. (En pressant la dessiccation par le chauffage, on pourrait bien faire sécher le double.)

La récolte dure ordinairement dix jours, ce qui ferait un revenu de 2,000 fr. Eh bien, comptons :

Intérêts du capital engagé.   800 fr.

Entretien, chauffage, journées de surveillants, etc.   400

Total.   1,200

Resterait toujours un bénéfice annuel de 800 francs.

Une commune qui ferait cette entreprise rendrait d'immenses services à ses habitants, tout en se créant une source de revenus ; car enfin le capital engagé se payerait peu à peu par les 800 fr. de bénéfice annuel. Du reste, le bâtiment n'étant occupé que pendant un temps limité, on trouverait facilement à lui donner d'autres destinations, qui ne manqueraient pas d'être également lucratives.

TABLE DES MATIÈRES

EXTRAIT DU CATALOGUE DE LA LIBRAIRIE AGRICOLE.

Agriculture (Cours d'), par de GASPARIN, 5 vol. in-8 et 233 gravures. 37 50
Agriculture *de l'ouest de la France,* par Jules RIEFFEL, 5 vol. in-8. 25
Amendements (Traité des), par PUVIS, 1 vol. in-12 de 520 pages. 6
Animaux (Statique chimique des), emploi agricole du SEL, par BARRAL, 1 vol. in-12 5
Bière (Traité de la fabrication de la), par ROHART, 2 vol. in-8 et 162 gravures 15
Bon Jardinier (Le) pour 1854, par POITEAU et VILMORIN, in-12 de 1658 pages 6
Botanique, par Aug. de ST-HILAIRE, 930 pages in-8 et 24 planches gravées. . 7 50
Cactées (Monographie et Culture des), par LABOURET, 1 vol. in-12 de 720 pages. 7
Camellia (Monographie du), par l'abbé BERLÈSE, 340 pages in-8 et 7 planches. 5
Camellias (Iconographie des), par l'abbé BERLÈSE, 3 vol. in-fol., et 300 pl. color. 275
Chevaline (de l'espèce) *en France,* par le général LAMORICIÈRE, in-4, 3 cartes color. 7 50
Chimie agricole, par Isidore PIERRE, 662 pages in-12 et 22 gravures. . 4
Comptabilité agricole (Traité de), par DE GRANGES, 320 pages in-8 et tableaux. 5
Conseils aux Agriculteurs, par DEZEIMERIS, 3e édition, 654 pages in-12. . 4
Culture maraîchère (Manuel pratique de), par COURTOIS-GÉRARD, 1 vol. in-12 3 50
Herbier général de l'Amateur, description, histoire, etc. des végétaux utiles et
    agréables, 5 beaux vol. in-4, contenant 373 planches en taille-douce et coloriées
    au pinceau, avec texte historique et descriptif, par Ch. LEMAIRE. 300
Horticulteur universel, présentant l'analyse raisonnée des travaux horticoles
    français et étrangers, par MM. CAMUZET, JACQUES, NEUMANN, PÉPIN, POITEAU,
    LEMAIRE, 7 vol. grand in-8 et 300 planches coloriées. 150
Jardinage (Manuel du), par COURTOIS-GÉRARD, 450 pages in-12 et 39 gravures. 3 50
Jardinier des fenêtres et des petits jardins, par Mme MILLET-ROBINET, 3e éd. 1 75
Journal d'Agriculture pratique, publié sous la direction de M. BARRAL, par les
    rédacteurs de la *Maison rustique.* Un numéro de 44 pages in-4, avec de nombreuses
    gravures, paraissant les 5 et 20 de chaque mois. — Un an (franco). 12
Maison rustique des Dames, par Mme MILLET-ROBINET, 2 vol. in-12 et 128 gr. 7
Maison rustique du XIXe siècle, cinq volumes in-4, et 2,500 gravures. . . 39 50
    Le tome V (*Encyclopédie d'horticulture*), 512 pages in-4 et 500 gravures. . . . 9 »
Plantes, Arbres et Arbustes (Manuel général des). Description et culture de
    25,000 plantes indigènes d'Europe, chaque livraison de 108 pages à 2 colonnes. 1 50
Revue horticole, par MM. POITEAU, VILMORIN, DECAISNE, NEUMANN, PÉPIN,
    paraît le 1er et le 16 du mois. Un an (franco), avec 24 gravures coloriées. . . . 9
Roses (Centurie des plus belles), 50 livr. de 2 planches coloriées et texte. Chacune. 3
Pomone française, par LE LIEUR, 3e édition, 1 vol. in-8 de 600 pages et 15 pl. 7 50
Vigneron (Manuel du), par ODARD, 1 vol. in-12 de 472 pages. 3 50
Vers à soie (Manuel de l'Éducateur de), par ROBINET, 352 p. in-8 et 51 gravures. 5 »

Bibliothèque du Cultivateur, *publiée avec le concours du Ministre de l'Agriculture.*
Douze volumes sont en vente à 1 fr. 25 c. le volume, savoir :

L'Éleveur de Bêtes à cornes, par VILLEROY, 2e édition, 431 pages et 60 gravures.
Races bovines de France, Angleterre, Suisse, par DE DAMPIERRE, 252 p. et 15 gravures.
Oiseaux de basse-cour et Lapins, par Mme MILLET-ROBINET, 200 pages et 11 gravures.
Fermage (Estimation, Plans d'amélioration, Bail), par DE GASPARIN, 2e édition, 384 pages.
Métayage (Contrat, Effets, Améliorations), par DE GASPARIN, 2e édition, 162 pages.
Arithmétique et Comptabilité agricoles, par LEFOUR, 192 pages et 12 gravures.
Géométrie agricole (Dessin linéaire, Arpentage, Toisé), par LEFOUR, 212 p. et 130 gravures.
Sol et Engrais, par LEFOUR, 200 pages et 36 gravures.
Asperge (Culture naturelle et artificielle), par LOISEL, 120 pages.
Melons (Culture sous cloche, sur butte et sur couche), par LOISEL, 108 pages et 3 gravures.
Houblon, par ÉRATH, traduit de l'allemand par Napoléon NICKLÈS, 140 pages et gravures.
Le Pêcheur à la mouche artificielle et à toutes lignes, par DE MASSAS, 200 pages et 27 grav.

Paris. — Imprimerie d'E. Duverger, rue de Verneuil, 6.